于观亭，茶文化研究员，茶叶加工高级工程师。现担任国际茶叶科学文化研究会、吴觉农茶学思想研究会副会长，曾担任过中国国际茶文化研究会、中国茶人联谊会、中国华侨茶叶基金会、中国茶叶流通协会等全国社团的副会长、常务理事等职。曾任全国供销总社、商业部、内贸部茶叶加工处处长，中国茶叶产销集团董事长，中国农副土特产开发公司常务副总经理。从20世纪80年代开始，工作重点转向茶文化研究，系统研究中国五千年茶文化以及茶道、茶艺的历史和现状，培养了很多评茶师和茶艺师。

著有《茶叶加工技术手册》《中华茶人手册》《茶文化漫谈》《中国茶膳》《认识中国喝茶文化的第一本书》（台湾出版，2004年获得“健康好书奖”），主编《图解中国茶经》（3卷本）《中国茶文化丛书》（10卷本，共计160余万字）。

茶饮 茶膳 茶疗

于观亭◎著

山西出版传媒集团
山西科学技术出版社

图书在版编目(CIP)数据

观亭说茶 茶饮 茶膳 茶疗/于观亭著. —太原：山西科学技术出版社，2014.8

ISBN 978-7-5377-4901-5

I. ①观… II. ①于… III. ①茶叶-文化-中国 IV. ① TS971

中国版本图书馆 CIP 数据核字（2014）第 145351 号

观亭说茶 茶饮 茶膳 茶疗

作　　者 于观亭

出版策划 阎文凯　　责任编辑 阎文凯

助理责编 王　璇　　文图编辑 解鲜花

装帧设计 阮剑锋　孙阳阳　　美术编辑 吴金周

出　　版 山西出版传媒集团 · 山西科学技术出版社
（太原市建设南路21号　邮编：030012）

发　　行 山西出版传媒集团 · 山西科学技术出版社
（电话：0351－4922121）

印　　刷 北京艺堂印刷有限公司

开　　本 787毫米×1092毫米　1/16　印张：16

字　　数 420千字

版　　次 2014年9月第1版

印　　次 2014年9月第1次印刷

书　　号 ISBN 978-7-5377-4901-5

定　　价 58.00元

Forword

前言

中国是茶的故乡，是发现和利用茶叶最早的国家。世界各地的种茶、饮茶都是直接或间接从中国传入的。茶叶从药用、食用，到成为人们最喜爱的饮品，都是中国人的发明，这是对人类的一大贡献。

自古以来，中国人就把茶叶当作益寿保健之物，中医更视茶如药。茶的防治疾病的功效在历代的医学、茶学文献中均有记载。唐代陆羽所著的《茶经》对茶的功效应用、制作过程、饮用方法均有详尽的记载；陈藏器撰写的《本草拾遗》中称“茶为万病之药”。

当你知道茶不仅仅用于解渴，而且是大自然赐予我们的保健灵物时，你是否应该慎重对待茶叶的选择？绿茶在加工过程中没有经过发酵程序，它最大限度地保留了鲜叶中的保健成分，对抗衰老、防癌、抗癌、杀菌、消炎等均有特殊效果，为其他茶类所不及；红茶是全发酵茶，在发酵过程中鲜叶所含的茶多酚被氧化，产生了茶黄素、茶红素等新成分，在调节血脂方面有独特功效；乌龙茶（青茶）性质温和，在减肥瘦身和美容养颜方面更受欢迎；黄茶与绿茶品质接近，也常被误解为绿茶，在消炎和抗氧化方面有独特作用；白茶含有丰富的维生素A原，它被人体吸收后，能迅速转化为维生素A，可预防夜盲症与干眼症；黑茶最大的作用在于调节脂肪代谢，具有很强的解油去腻的功效，爱食肉的少数民族尤其喜欢喝黑茶。

中国人的饮茶智慧不仅仅表现在将茶叶加工成不同的种类，还表现在将茶与食物完美结合，制成美味的茶膳。取茶之清香，融入各种食材之中，为菜肴锦上添花，像龙井虾仁、碧螺春饺子……

茶疗与食疗一样，是中国中医发展史上的一个重要分支，茶疗可以是使用单味茶，比如绿茶清热解毒；也可以在茶叶中加入中药材，比如薄荷绿茶。

饮茶养生贵在坚持，不管用于日常保健，还是疾病调理，都需要长期饮用才能发挥作用。茶饮养生的精髓也将像五千年的茶文化一样，继续为人类的健康助力！

于观亭

茶叶加工高级工程师
茶文化研究员

目录

第一章

识茶

世间百草让为灵，甘传天下是为茶

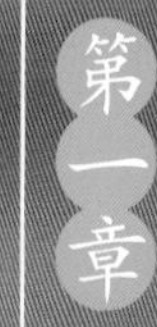

打开中国五千年的文明发展史，几乎从每一页中都可以嗅到茶的清香。茶不仅是一种饮品，更是一种博大精深的文化，是中华文明长河中的一颗璀璨明珠。

天下谁人不识茶
——茶叶的前世今生

“茶”字来历

茶叶在中国有着悠久的历史，茶的发现与应用已有5000多年，周朝初期已见记载，距今也有3000多年。

中国地域广阔，对茶的认识与名称不尽相同，有许多茶的异名。陆羽《茶经》说：“其字或从草，或从木，或草木并。其名一曰茶，二曰槚，三曰蔎，四曰茗，五曰荈。”在先秦古籍中没有“茶”字，只有它的原始过渡形“荼”字。

东汉许慎所著的《说文解字》中，荼字书作繁，文曰：“苦荼也，从卅，余声，同都切。”卅，即草，用作文字之草旁（又称草头）。余，音涂。宋代徐铉等校订的《说文解字》文后有“臣铉等曰，此即今之茶字”。

> **Tips 茶字趣解**
>
> 古人将“茶”字趣解，赋予其美好吉祥的含义，其中流传最广的解法有两种。
>
> 第一种，以“茶”字象征长寿。“茶”字的草字头与“廿”相似；中间的“人”字与“八”相似；下边的“木”则可分解为“八”和“十”。将由“茶”字分解出来的“廿”加上“八”再加“八十”等于108。因此，古代文人便把108岁的老人称为“茶寿老人”。久而久之，“茶”字被用来代表长寿的意思。
>
> 第二种，以“茶”字倡导回归自然。“茶”字可分为草字头以及“人”和“木”三个部分，“人”在草之下，木之上，即为茶，爱茶人将其解为：人在草木间，孰能不饮茶，同时也有倡导人们回归自然的意味。

茶之起源

茶树属山茶科常绿木本植物。野生可高达20米以上，但为了便于采摘茶叶，通过修剪后一般茶树高度保持在80～120厘米。

茶的原产地在中国的云贵高原，其中心是滇、黔、桂三省的毗邻地带，包括四川盆地的边缘。东晋郭璞注《尔雅》称：“生山南汉中山谷”。

唐朝陆羽在《茶经》中也写道：“茶者，南方之嘉木也，一尺二尺，乃至数十尺。其巴山峡川有两人合抱者，伐而掇之，其树如瓜芦，叶如栀子，花如白蔷薇，实如栟榈，叶如丁香，根如胡桃。”茶树大至两人合抱，很可能是野生之古茶树，但因历代之砍伐，逐致四川今日不可得而见之矣。

清代顾炎武在《日知录》中明确提出：“自秦后，始有茗饮之事”。而春秋时的巴蜀地区，早已有饮茶之事了。

饮茶文化

饮茶从先秦开始，到西汉、魏晋、南北朝时期，南方已饮茶成风（巴蜀），到了唐代饮茶之风已蔓延到全国，宋代饮茶之风更加盛行，明清时期中国饮茶之风已达到鼎盛。

对于茶的品质，陆羽也在《茶经》中说：“其地，上者生烂石，中者生砾壤，下者生黄土。凡艺而不实，植而罕茂，法如种瓜，三岁可采。野者上，园者次；阳崖阴林，紫者上，绿者次；笋者上，芽者次；叶卷上，叶舒次。阴山坡谷者，不堪采掇，性凝滞，结瘕疾。”

陆羽的这段话，对茶树生长的自然环境，包括土壤、光照、地理位置都作了比较准确的说明，不仅如此，还对采摘时茶叶的形态作了描述。可以说，《茶经》对如何获得高品质的茶叶做到了极致精准的概括。

⊙发明农业和医药的神农氏

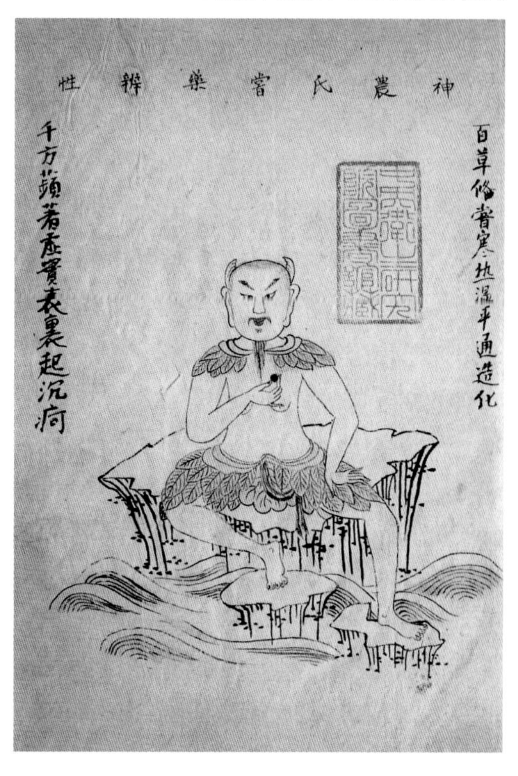

茶与神农

《史记补·三皇本纪》载，神农“以赭鞭鞭草木，始尝百草，始有医药。”《淮南子·修务训》载：“神农尝百草之滋味，水泉之甘苦，令民知所避就，一日而遇七十毒。”这些都说明神农作为本草的先祖被前人记载在历史中。

在明清的本草类著作中，有“神农尝百草，一日遇七十毒，得茶而解之”的说法，首次说明了茶与神农的关系，但由于年代靠后，无法作为确切定论。

唐代陆羽是古代对茶深有研究的最早人物，宋代起就尊他为“茶圣”。在他的名著《茶经》中，不但提出了“茶之为饮，发乎神农”的论断，还引了现已失传的《神农食经》中的一句话：“茶茗久服，令人有力、悦志。”现在，我们一般把《茶经》里的这段话作为神农氏对茶的认识的最早的论著，认为茶的养生功效在神农时期就被人们所认知。

茶叶养生史话

茶叶养生经历了药用、食用、饮用三个阶段。由药用到食用，后又发展成为最普通的饮料，说明人们对茶叶的需求更加迫切。一开始，由于偶尔需要，茶叶作为解毒和祭祀的用品，然后，人们认识到茶叶的药用，茶叶作为药物开始使用，但是，人们仍感到不足，就发展到茶叶的食用阶段。这样，茶叶就满足了人们的定时需要。一日三餐也好，两餐也好，总是每天都要吃饭，吃饭就可食用到茶叶。随着茶叶作用的不断扩大，这种定时需要也难以满足人们的需求。于是，茶叶就发展成了普通的饮料。

茶以药用开始

《神农本草》以前茶叶的记载主要是解毒和祭品。人们中毒、祭祀，以至于生病吃药这些都是偶然的，绝不是经常的。只有这些偶然的机会人们才能享受到这个神农发现给予人类的“灵物”——茶叶。

5000年前神农发现茶叶首先用于解毒，以后逐渐作为药用。

历代茶药书籍叙述茶叶功效很多。李时珍集诸药之说，在《本草纲目》中概括为“苦、甘、微寒，无毒。主治瘘疮，利小便，去痰热，止渴，令人少睡，有力悦志，下气消食”。

李时珍又以辩证观点，首先指出“茶苦而寒，阴中之阴，沉也降也，最能降火，火为百病，火降则上清矣”。然后指出“火有虚实，若少壮胃健之人，心肺脾胃之火多盛，故与茶相宜……若虚寒及血弱之人，饮之既久，则脾胃恶寒，元气暗

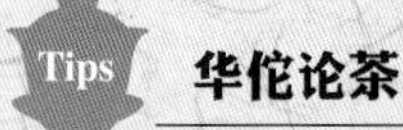

华佗论茶

东汉末年的名医华佗在《食论》中提到：“苦茶久食，益意思。”是说：“茶的味道苦涩，饮后能使人深思熟虑、开拓思维。”这是历史上第一次关于茶具有药用价值的记载。

华佗常年奔波在江淮一带采药，为民治病，积累了丰富的医疗经验。据说他累的时候，只要喝到一杯清茶，疲惫顿时消失，于是深深地体会出“苦茶久食，益意思”的见解，说明茶具有兴奋大脑、提神解乏的功效。

恃以为命。其所食膻酪甚肥腻，非此无以清荣卫也。”

古时也有人反对饮茶，如唐代綦母煛所著《饮茶》序中说：饮茶“释滞消壅，一日之利，暂佳；瘠气浸精，终身之害，斯大。获益则功归茶力，贻患则不谓茶炎，岂非福近易知，害远难见”。

以上所述，古人对茶的药用，是以其感觉或传闻，特别是没有文字记载前的传闻和后来的个人体验而写的。医书是实践上升到理论的产物。后来很多的医书提到茶叶的药用，这充分说明，茶叶在中国发展史上确有一段时间是药用为主。

损”。又以亲身体验，分析饮茶作用：“时珍早年气盛，每饮新茗必至数碗，轻发汗而肌骨清，颇觉痛快。中年胃气稍损，饮之即觉为害，不痞闷呕恶，即腹冷洞泄。故备述诸说，以警同好”。

清朝赵学敏《本草纲目拾遗》说：“口烂，茶树根煎汤代茶，立效。泡过的烂茶叶干燥，治无名肿毒、犬咬及火烧成疮。经霜老茶叶治羊痫风；雨前茶产杭之龙井最佳，清咽喉、明目、补元气、益心神，通七窍；普洱茶味苦性刻，解油腻、牛羊毒，虚人禁用。”

清朝赵翼《檐曝杂记》说：“中国随地产茶，无足异也。而西北游牧诸部，则

茶以食用发展

茶叶药用高潮过后就向食品发展。这也说明茶叶药用虽是万病之药，但都有效而又不是特效，仅是一种保健食品而已。这也是茶叶发展成为食品的必然。

茶叶作为食品是从公元600年前后开始的。在这1000多年的时间里有不少书籍记载了茶的食用价值，都把茶叶称作“救荒”食品、“保健食品”，甚至称为“俭朴食品”。

《晏子春秋·杂下》中说：“晏子相齐景公，食脱粟之食，炙三弋，五卵苔菜耳矣。”《柴与茶博录》中说：“茶叶可食，去苦味二三次，淘净，油盐姜醋调食。”《救荒本草》中说：“救饥，

⊙清代·方熏《竹林煎茶》

将嫩叶或冬生叶（茶树）可煮做羹食。”《茶寮记》中的茗粥篇讲：“茗古不闻食，晋宋已降，吴人采叶煮之，曰茗粥。”《诗经》中说：“采茶（荼）薪樗，食我农夫。”郭璞《尔雅注》说：“槚（茶）树小似栀子，冬生叶，可煮作羹饮。”

在这一时期不论是上层“晏子”，还是下层“农夫”，都把茶叶作为苔菜、茗菜，既然是菜就可以食，并且把茶叶同其他蔬菜、谷物混合在一起做成食品，特别是粥，食之有味，喝之保健。就是后来的茶圣陆羽虽不赞成茶叶作为食品，也不得不承认茶叶作为普通饮料以前，普遍把茶叶做成粥食。在他的《茶经·六之饮》中也说：“饮有觕茶、散茶、末茶、饼茶者，乃斫、乃熬、乃炀、乃舂，贮于瓶缶之中……或用葱、姜、枣、橘皮、茱萸、薄荷之属煮之百沸，或扬令滑，或煮去沫，斯沟渠间弃水耳，而习俗不已，于戏。”说这种吃茶法像玩耍一样，但仍不可否认人们把茶叶作为粥喝。

这一时期茶叶虽然仍以作为食品为主，但仍没抛弃作为药用，直到这一阶段的后期才逐步转向饮品。

茶以饮用传扬

茶叶成为普通的饮品，从公元600年左右开始，一直延续到今天。在历史上最兴盛的时期是在公元580年~960年间。

清·刘献廷《广阳杂记》根据《汉书·赵飞燕别传》记载：汉成帝刘骜崩后（公元前7

年），皇后梦成帝赐坐，命进茶，左右奏帝曰："向者侍帝不谨，不合啜此茶。"认为西汉已饮茶，非始于三国也。与王褒时间相去不远。王褒是士大夫阶级，不是普通百姓，就是民间饮茶，也限于少数地区。《桐君录》中有记载民间劳动者开始饮茶的场景，书中说："南方有瓜芦木，亦似茗，至苦涩，取为屑茶饮，亦可通夜不眠，煮盐人但资此饮。"未普及全国。

《三国志·吴书·韦曜传》，记载孙皓以茶当酒密赐韦曜，认为三国时已知饮茶了。但那时茶仅是宫廷中的高贵饮料，也不是民间普通饮品。

北魏·杨炫之《洛阳伽蓝记》说：饮茶始于梁武帝萧衍天监年中。即公元511年左右。与根据魏·张揖的《广雅》制茶饮茶的记载，认为魏时开始饮茶，相距不远。六朝佛教盛行，寺庙争相栽茶，僧人普遍饮茶。茶作为一般药物，兴奋神经，以利坐禅却睡，未为民间普通饮品。

到了唐朝"茶为人家一日不可无"。当然必须经过隋朝的推广普及和宣传茶叶的良好效用，饮茶风盛一时。因此说茶从隋朝开始成为民间普遍饮品。

综合起来，中国的饮茶可以说：饮茶从先秦开始，到西汉、魏晋、南北朝中国南方已饮茶成风（巴蜀），到了唐代饮茶之风已传播到全国，到了宋代饮茶之风已盛行，到了明清时期中国饮茶之风已达到鼎盛。

饭前、饭后、饭中都可以饮茶；自己闲时可以饮，工作时也可以饮；在家可以饮，上班也可以饮；可以"代酒"，也可"代食"（僧人闭关坐禅时可以茶代食）；可以搞茶道，可以开茶馆；看书可喝茶，下棋可喝茶；写诗作画饮茶有精神，写作饮茶有思路。

总之，茶叶成为普通饮品后，不论是什么场所，不论是什么时间，都可以喝茶。茶已成了"柴米油盐酱醋茶"这类生活不可缺少的东西。

Tips

岳飞巧用姜盐茶

岳飞（1103～1142），字鹏举，相州汤阴（今属河南）人，南宋抗金名将，著名的军事英雄。传说南宋绍兴五年（1135），岳飞奉朝廷之命带兵南下与杨幺领导的农民军作战。由于岳家军多来自北方中原大地，进入江南后很多士兵出现水土不服的症状，腹胀、呕吐、腹泻、乏力，眼看难以正常作战。平日喜读医书的岳飞将当地盛产的茶叶、芝麻、生姜、黄豆一起熬煮让属下饮用，果然治好了军中的恶疾。此茶被称为姜盐茶，之后很快在附近百姓间流传开来，至今在湘阴的家庭中仍然可见。姜盐茶，具有健脾胃、祛风寒、解腻强身的药用效果。在中医看来，茶性寒，姜性热，一寒一热，因而阴阳调和。

中医论茶

本草典籍中记载的茶

茶，其实也是药。唐代陈藏器的不朽著作《本草拾遗》即提出“茶为万病之药”的论点；宋代食疗专著林洪的《山家清供》，也有“茶，即药也”的论断。

因为茶也属本草，自然在本草类著作中被收载。到目前为止，对于首载茶的本草著作在学术界还有很大争议。

一般认为：茶首见于《神农本草经》，并提到有“久服安心，益气，聪察，少卧，轻身，耐考”等功效。唐代陆羽《茶经》中提出“茶之为饮，发乎神农”，并引有现已失传的《神农食经》的一句话：“茶茗久服，令人有力、悦志”，这似乎偏向于茶首载于《神农本草经》的论点，但由于未见原书，无法最终确认。

现在确切能看到的茶在本草类书籍中的首次记述，见于唐代苏敬等撰的《新修本草》（又称《唐本草》），列于木部中品。其文甚简，正文如下：“茗，苦荼。茗，味甘、苦，微寒，无毒。主瘘疮，利小便，去痰、热、渴，令人少睡，秋（据《证类本草》与《植物名实图考长编》应作春）采之。苦荼，主下气，消宿食，作饮加茱萸、葱、姜等良。”

历代医学家都凭自身以茶治病的经验，总结写在《本草》和医书上。魏·吴普《本草经》，唐·李绩、苏敬《新修本草》，陈藏器《本草拾遗》，宋·陈承《重广补注神农本草并图经》，元·王好古《汤液本草》、吴瑞《日用本草》，明·汪机《石山医案》、张时彻《摄生众妙方》、陈时贤《经验良方》，李时珍《本草纲目》、缪希雍《神农本草经

Tips **神农本草经**

神农氏，亦称神农，是传说中对中华民族具有巨大贡献的祖先。据《白虎通义》载，神农氏能够根据天时之宜，分地之利，制作出各种农具，教民耕作，使人民获得很多好处，故号神农。他不但发明了农耕技术，教会人类农业生产，还发明了医药，教会人们吃药治病。中国古代第一部药学著作《神农本草经》就托名为神农氏所作，传说共记录了365种药名，多为神农氏亲自尝试了解得来。

疏》、李中梓《本草通玄》，清·汪昂《本草备要》、张璐《本经逢元》、黄宫绣《本草求真》、孙星衍《神农本草经》、近代丁福保《食物新本草》、谢观《医药大辞典》等等都说茶能治多种疾病。

由此可见，茶的养生功效，早已为历代医学家所认可。

茶的中医药性理论

从中医理论来看，由于茶也是药，甚至是著名的“万病之药”，所以它和其他中药一样必须在中医理论指导下服用。具体地说，是在中医理论派生出的药性理论指导下服用。药性理论，主要有四气（寒、热、温、凉）、五味（辛、甘、酸、苦、咸）、升降浮沉、归经、有毒无毒、配伍等项。

茶的性味（即四气五味），《新修本草》作“甘、苦，微寒，无毒”；李时珍《本草纲目》作“苦、甘，微寒，无毒”，字虽完全相同，但调换了苦与甘的位置。

中医理论认为：甘味多补而苦味多泻，可知茶叶是种攻补兼备的良药。本草有关茶的功效中，属攻者如清热、清暑、解毒、消食、去肥腻、利水、通便、祛痰、祛风解表等；属补者如止渴生津、益气力、延年益寿等。

⊙明代·文徵明《煮茶图》

⊙明代·文徵明《煮茶图》

从四气上分析，其性“微寒”，其实也就是“凉”的意思。寒凉的药物，具有清热、解毒、泻火、凉血、消暑、疗疮等功效。

从升降浮沉方面说，茶叶也是兼备多种功能的，它的祛风解表、清利头目等功效属于升浮；而下气、利水、通便等功效属于沉降。

从归经方面说，由于茶叶对人体有多方面的活性，很难用一两个经络或脏腑来概括，所以明代李中梓《雷公炮制药性解》称它“入心、肝、脾、肺、肾五经”。五脏，是中医脏腑理论的核心。茶一味而归经遍及五脏，可见它的治疗范围是十分广泛的。

茶是无毒安全的，所以可以长服、久服。

茶的24传统功效

茶的疗效十分广泛。关于茶的传统用法的功效，在历代茶、医、药三类文献中多有述及，而且在经史子集中也散见不少。本书根据资料将其中有茶叶医疗效用的内容总结成茶的传统功效24项。这24功效，单用茶叶一味即有效。为加强疗效，还可复方应用。

1.少睡

茶叶有“令人少睡”之功效，除对生理、病理的睡眠与好睡有良好的清醒疗效外，还可用于治疗因疾病所引起的昏迷、昏愦等。中医认为，心主神明，故“令人少睡”，现代有“提神”之称，属于中枢神经兴奋的结果。

从功效而言，传统医书对“少睡”有多种说法，有“令人少睡”“令人少眠”“令人少寐”“令人不眠”“醒睡眠”“不昏”等。从主治而言，有“除好睡”“治中风昏愦多睡不醒”“治神疲多眠”等。

2.安神

从功效而言，传统医书又把“安神”称作“清心神”“清神”“除烦”“涤烦”。

中医认为，心主神明，因于心火旺盛或心气亏虚则“阳浮于外”，遂出现烦、闷等症状；严重者，惊、厥、癫、痫等也会发生。又，神不安于宅，则意乱、健忘。所以《千金方》又称茶有“悦志”的功效，《华佗食论》称“久食益意思”，《本草纲目》称“使人神思间爽”，另外还有“益思”“能诵无忘”“破孤闷”“醒神思”等说法。主治“体中烦闷”。

3.明目

茶的明目功效，自古以来就为人所乐道，故多从功效而言。称“明目”者有《本草拾遗》、《茶经》（张氏）、《调燮类编》、《茶谱》（毛氏）和《随息居饮食谱》等书；称“清于目”者有《食物本草会纂》。

从主治而言，《茶经》称茶叶治“目涩”，《本草求真》称茶叶疗“火伤目疾”。

4.清头目

茶的清头目功效大多与头痛有关。在传统医书中，有关清头目的方剂，只有《本草求真》称治“头目不清”，其他大多与头痛有关。称“治头痛”者有《茶谱》（毛氏）；称“理头痛”者有《古今合璧事类外集》，称治“脑疼”者，有《茶经》，称“愈头风”者有《岭外代答》；称治“头痛目昏”者有《药材学》。

5.止渴生津

《神农食经》《本草拾遗》等称“止渴”。从功效言：称“止渴”者有《茶经》（张氏）、《调燮类编》、《茶谱》（毛氏）、《饮膳正要》和《中国医学大辞典》；称“疗渴”者有《唐国史补》；称“解渴”者有《随息居饮食谱》；称“止渴生津液”者有《食物本草会纂》；称“清胃生津”者有《本草纲目拾遗》；称“润喉”者有卢仝诗。

从主治言者：称“热渴”者有《千金翼方》《新修本草》《茶经》《三才图会》；称“烦渴”者有《药材学》《中药大辞典》；称“作渴”者有《本草经疏》；称“消渴不止”者有《本草求真》；称“渴喜一碗绿昌明”者有白居易诗。

6.清热

从功效言为主：称“清热解毒者有《本草求真》；称“清热降火”者有《中国药学大辞典》；称“降火”者有《本经逢原》；称“去热”者有《食疗本草》；称“涤热”者有《随息居饮食谱》；称“泻热”者有《中国医学大辞典》；称“破热气”者有《本草拾遗》；称“清热不伤阴”者有蒲辅周用药经验。

从主治言者：称“疗热证最效”者有《台海使槎录》；称“可除胃热之病”者有《广阳杂记》。

7.消暑

茶既可清热，又可止渴生津，故亦兼消暑、解暑。古代文献言及此者不多。

从功效而言，仅《仁斋直指方》与《本草图解》两条称“消暑”。

从主治而言，仅《本草别说》的“治伤暑”与《台游日记》的“可疗暑疾”。

8.解毒

中医药书籍中的“毒”，从病证方面而言以“热毒”占最重要位置。所以从药治方面而言多称“清热解毒”。此外，咽喉、皮肤诸证以及瘴、瘟等，亦多与热毒有关，今亦附此。

从功效言者，有《本草求真》，称“清热解毒”；《中药大辞典》称“解毒”；《本经逢原》称“辟瘴”；《本草拾遗》称“除瘴气”。

从主治言者，有《简便方》，称“解诸中毒”；皮日休《茶中杂咏序》称“除痛而去疠”；《岭南杂记》称“利咽喉之疾”。

9.消食

茶的消食功效，从主治言者仅“食

积不化”1条，见于《本草求真》。而从功效言者则有19条之多。称“消食”者为最多，计有《茶经》（张氏）、《调燮类编》、《茶谱》（毛氏）、《饮膳正要》、《本草经疏》、《本草图解》、《本草纲目拾遗》、《本经逢原》、《中国药学大辞典》、《中国医学大辞典》和《中药大辞典》；称“消宿食”者有《新修本草》《食疗本草》和《瓯江逸志》；称“消饮食”者有《古今合璧事类外集》；称“消积食”者有《三才图会》、《黎岐纪闻》和《瓯江逸志》；《滴露漫录》则称：“消腥肉之食，解青稞之热。”称“解除食积”者有《本草纲目拾遗》和《广东新语》；称“解酒食之毒”者有《仁斋直指方》和《本草纲目》。称“去胀满”者有《黎岐纪闻》；称“去滞而化食”者有《山家清供》；称“去积滞秽恶”者有《食物本草会纂》；称“养脾，食饱最宜”者有《聪训斋语》；称“芳香微甘，有醒胃养脾之妙”者如《蒲辅周医疗经验》；称“甚有助胃力”者如《一澂研斋日记》。

10.醒酒

从功效言者，称“醒酒”者有《广雅》、《采茶录》、《本草纲目拾遗》和《瓯江逸志》；称“解酒”者有《仁斋直指方》；称“解醒”者有《续茶经》。

从主治言者，称治“酒毒”者有《本草图解》和《药材学》；称“醉饱后饮数杯最宜”者见于《食物本草会纂》；称“解酒食之毒”者见于《仁斋直指方》和《本草纲目》。

⊙明代·唐寅《事茗图》

11.去肥腻

茶的去肥腻功效，自古受到人们的推崇。若从文献观察，全部均从功效言，未有主治立条者。称“去肥腻”者有《檐曝杂记》；称“饭后饮之可解肥浓”者有《老老恒言》；称“去腻”者有《东坡杂记》、《茶谱》（钱氏）和《茶经》（张氏）；称“解油腻、牛羊毒”者有《本草纲目拾遗》；称“去人脂”者有《本草拾遗》和《食物本草会纂》；称“解荤腥”者有《饭有十二合说》；称“去腥腻”者有《瓯江逸志》；称“解炙煿毒”者有

《食物本草》和《本草图解》；梅尧臣《答宣城张主簿遗鸦山茶》称："尝闻茗消肉，应亦可破瘕。"

去肥腻，自然可以避免肥胖，与近代的"减肥"相类似。《本草拾遗》称之为："久食令人瘦。"中医药有关去腻解肥、去脂转瘦的作用，尚未受人重视。古本草常有"轻身""换骨""延年"之句，其实，也是去腻解肥之意。

12.下气

茶的"下气"功效，在文献中论及者共有12家之多。称"下气"者有《新修本草》《食疗本草》《三才图会》《本草经疏》《饮膳正要》《本草图解》《本草纲目拾遗》和《中国医学大辞典》。"下气"一词，鉴于多与消食相连，自属与消胀、降逆、止嗳呃有关；如广其义，则可泛及下文之通利大、小便。此外，称"通利肠胃"者有《竺国纪游》；称"消胀"者有《续茶经》；称"消膨胀"者有《本草纲目拾遗》；称"开郁利气"者有《本经逢原》。

13.利水

从功效言者占绝大多数，从主治言者仅《圣济总录》称治"小便不通"与《药材学》称治"小便不利"。称"利水"者有《本草拾遗》和《本草求真》；称"利水道"者有《茶谱》（毛氏）和《茶经》（张氏）2条；称"利尿"者有《中药大辞典》和《中国药学大辞典》；称"利小便"者有《神农食经》、《新修本草》、《千金翼方》、《饮膳正要》和《三才图会》。此外，在下文"利大小肠"等尚有3条。

日常生活巧用茶叶

用茶叶炖牛肉：用纱布包一小包茶叶与牛肉同炖，牛肉容易炖烂，还味美可口。

用茶叶使鸡蛋保鲜：把泡过的茶叶渣晒干，将鲜蛋埋在干净的茶叶渣中可保持几个月不变质。

用茶叶还可除漆味：用茶水彻底清洗新买的家具，洗几次漆味便会消失。

用茶叶治牙痛：将茶叶用开水泡5分钟，加1毫升陈醋，每日冲饮可缓解牙痛。茶水还可用来洗毛衣：用茶洗毛衣或毛绒可使它们不褪色和延长使用寿命。

用茶叶除蒜味：吃过大蒜，含一小撮茶叶于口中可以消除口臭。

另外，巧用茶叶还可以治肿毒，去头火，治疗皮肤疾病等。总之，茶叶是个宝，冲泡后的茶汤和废茶渣也有很多用处，是生活中不可多得的好帮手。

14.通便

从主治言者仅《本草求真》，称"二便不利"，余均从功效而言。称"利大肠"者有《食疗本草》；称"刮肠通泄"者有《本草纲目拾遗》；称"利大小肠"者有《本草拾遗》；称"利二便，通大小肠"者有《中国医学大辞典》。

15.治痢

言功效者，仅《本经逢原》1条，称"止痢"，其余均从主治而言。称"姜茶治痢，不问赤白冷热，用之皆宜”者有《仁斋直指方》；称“合醋治泻痢甚效”者有《本草别说》；称“治热毒赤白痢”者有《日用本草》；称“同姜治痢”者有《本草图解》；称治“血痢”者有《本草求真》。

16.去痰

去痰，也作祛痰。茶的去痰功效在文献中，系以从功效言者为主，占18条之多。称“去痰”者有《千金翼方》《新修本草》和《三才图会》；称“除痰”者有《本草拾遗》、《茶经》（张氏）和《茶谱》（毛氏）；称“解痰”者有《食疗本草》；称“逐痰”者有《本草纲目拾遗》；称“化痰”者有《本草纲目拾遗》和《中药大辞典》；称“消痰”者有《本经逢原》；称“去痰热”者有《神农食经》和《饮膳正要》；称“吐风热痰涎”者有《本草纲目》；称“凉肝胆涤热消痰”者有《随息居饮食谱》；称“入肺清痰”者有《本草求真》；称“涤痰清肺”者有《本草纲目拾遗》；称“去寒澼”者有《本草纲目拾遗》。

从主治而言，称“痰涎不消”者有《本草求真》；称“痰热昏睡”者有《中国医学大辞典》。总计20条与去痰有关。

17.祛风解表

中医理论认为：风邪外袭于“肌表”，遂出现“表证”。治疗的方法为“解表”，盖解散外邪、解除表证的意思，属于“八法”中的“汗法”。

从功效言者6条。称“轻汗发而肌骨清”者有《本草纲目》；称“发轻汗，肌骨清”者有卢仝诗；称“疗风”者有《茶谱》（毛氏）；称“祛风湿”者有《本草纲目拾遗》和《广东新语》；称“辛开不伤阴”者见《蒲辅周医疗经验》。

从主治言者仅2条：称“小儿痉疹不出用之神效”者有《片刻余闲集》；称“四肢烦，百节不舒”者有《茶经》。

18.坚齿

关于茶叶的坚齿功效，近代有很多论述，一般均认为与茶所含有的氟有关。古代的文献论及坚齿用茶者，共检及4条，均从功效而言。称“坚齿已蠹”者有《茶谱》（钱氏）；称“漱茶则牙齿固利”者有《敬斋古今注》。《东坡杂记》：“每食已，辄以浓茶漱口，烦腻既去而脾胃自不知。凡肉之在齿间者，得茶浸漱之，乃消缩，不觉脱去，不烦刺挑也，而齿便漱濯，缘此渐坚密，蠹毒自已。”《饭有十二合说》称：“涤齿颊。”

19.治心痛

心痛，是中医治疗的常见病。一般中医说的心痛大多是指心下部位，从解剖学来说应该是以胃与十二指肠的疾患为主。真正的心脏疾患引起的心痛，应该称之为真心痛或厥心痛。古文献中记载治疗心痛的药茶方，也和以上情况一致。茶可治心痛，共有三书记载，均从主治言。有关方剂，举例如下：《兵部手集方》：“久年心痛，十年五年者，煎湖茶，以头醋和匀服之良。”《上医本草》所载，大约相仿。《瑞竹堂经验方》应痛丸方：“治急心气痛。”

20.疗疮治瘘

茶叶对于各种疮、瘘具有良好的疗效，内服、外用均宜。从功效方面来说，与前文所述之解毒有关。茶性寒凉，故可清热、解毒与疗疮、治瘘。文献所记载，全系从主治而言。称治“瘘疮”者有《神农食经》《新修本草》《千金翼方》《本草经疏》《三才图会》和《中国医学大辞典》；称“疗积年瘘”者有《枕中方》；称“搽小儿诸疮效”者有《本草原始》。

⊙任重《煮茶图》

21.疗饥

茶为饮食之品，可以疗饥，又与益气力（见下条）有关。从文献来看，均从功效而言。称“疗饥”者有《本草纲目拾遗》和《广东新语》。《野菜博录》称：“叶可食，烹去苦味二三次，淘净，油盐姜醋调食。”《救荒本草》称：“救饥，将嫩叶或冬生叶可煮作羹食”。

22.益气力

茶与益气力有关的记载，文献中仅查及5条。从功效言者4条：称“有力”者有《神农食经》和《千金要方》；称“轻身换骨”者有《陶弘景新录》；称“固肌换骨”者有《图经本草》。从主治言者1条，称“治疲劳性精神衰弱症”，见于《中国药学大辞典》。

23.延年益寿

称“养生益寿”者有《荷廊笔记》。中医理论认为人的“天年”（即自然寿命之意）为100～120岁，这在《黄帝内经》与《千金要方》中都有述及。何以多数人不能活到天年呢，这是因为患病夭折的缘故。所以，避免疾病也应属于延年益寿的范畴。《图经本草》称：“祛宿疾，当眼前无疾。”明代程用宾《茶录》称：“抖擞精神，病魔敛迹。”苏东坡《游诸佛舍，一日饮酽茶七盏，戏书勤师壁》也曰：“何须魏帝一丸药，且尽卢仝七碗茶”。

在古代，延年益寿的方药与方法（如导引、气功）往往披上神仙的外衣，茶叶也自难免。《茶解》称：“茶通神仙。久服，能令升举”。

24.其他

茶的其他功效不成系统者，尚有以下数条：《格物粗谈》称：“烧烟可辟蚊；建兰生虱斑，冷茶和香油洒叶上。”《物类相感志》称：“陈茶末烧烟，蝇速去。”《救生苦海》称：“口烂，茶根代茶煎饮。”此外，《本草纲目》方：治“月水不通，茶清一瓶入砂糖少许，露一夜服，虽三个月胎亦通”；又，治“痘疮作痒，房中宜烧茶烟恒熏之”。

Tips 长寿老人的秘诀

据北宋钱易《南部新书》记载：唐宣宗大中三年（849），有一位130岁的高僧来到洛阳，唐宣宗问他：如此高寿，有何秘诀？高僧答：少时家贫，无药可服，一生惟爱饮茶，日饮百碗不厌多。

现代医学证明：人的衰老与体内的不饱和脂肪酸被过度氧化有关，而这种氧化又和自由基有关，茶叶中富含多酚类化合物、咖啡碱及多种维生素，对自由基有很强的清除效果，这才是饮茶能养生益寿的真正奥秘。

现代医学论茶

茶的有效化学成分

根据现代科学研究，茶叶的主要化学成分已发现500种。有机化合物主要有蛋白质、氨基酸、生物碱、酶、茶多酚、糖类、有机酸、脂肪、色素、芳香物质、维生素等。无机化合物占干物质的4%～7%，一般不能超过7%，是茶叶出口检验的主要项目之一。茶叶的无机成分含量较多的是磷、钾、硒、氟，其次是钙、镁、铁、锰、铝、硫等。

由于加工过程中的化学变化，鲜叶和成茶中的化学成分有所不同，不同品种的茶叶中化学成分也有所差异。

·鲜叶和成茶的主要成分

表1-1列出了茶树鲜叶中各种成分的一般含量。

表1-1 茶树鲜叶中各种化学成分含量

成分			含量（%）
水分			75%～78%
有机化合物	蛋白质	主要是谷蛋白、白蛋白、球蛋白、精蛋白 氨基酸（1%～4%）：已发现25种，主要是茶氨酸、天门冬氨酸、谷氨酸	20%～30%
	生物碱	主要是咖啡碱、茶碱、可可碱	3%～5%
	酶	主要是水解酶、磷酸酶、裂解酶、氧化还原酶、同分异构酶	
	茶多酚	主要是儿茶素，占总量的70%以上	20%～35%
	糖类	主要是葡萄糖、甘露糖、果糖、麦芽糖、蔗糖、乳糖	20%～25%
	有机酸	主要是苹果酸、柠檬酸、草酸、脂肪酸	3%左右
	脂类	主要是脂肪、磷脂、甘油酯、硫脂和糖脂	8%左右
	色素	主要是叶绿素、叶黄素、胡萝卜素、黄酮类	1%左右
	芳香物质	主要是醛类和酸类，约50种	0.005%～0.03%
	维生素	主要是维生素C、维生素A、维生素E、维生素D、维生素B_1、维生素B_2、维生素B_3、维生素B_5、维生素B_{11}、维生素K、维生素H、维生素P和肌醇	0.6%～1.0%
无机化合物	水溶性部分	氨基酸、咖啡碱、茶多酚	2%～4%
	非水溶性部分	主要是磷、钾、钙、镁、铁、锰、铝、硫、硒、氟	1.5%～3%

·成茶的主要成分含量及功能

相同的鲜叶，经过不同的加工方法制成不同的茶，其鲜叶的营养成分保留程度也不一样，而且在加工过程中会出现一些化学反应，产生新的营养素。表1-2是同一种鲜叶加工成不同茶类的营养对比。

表1-2　同一种鲜叶加工成绿茶、红茶所含成分的差异

试样	茶多酚（%）	总氮量（%）	咖啡碱（%）	备注
鲜叶	12.91	5.97	3.30	红茶由于在加工中发酵，茶多酚要比绿茶少40%以上，维生素C全部消失
绿茶	10.64	5.99	3.20	
红茶	4.89	6.22	3.30	

茶树鲜叶中维生素C的含量一般都在200毫克/500克以上，即不论制造哪种茶类的鲜叶，它的维生素C含量都是差不多的。但是，加工成不同茶类含量就有很大差别，这是由于加工方法不同而致。如绿茶加工中首先经过高温杀青，随后很快炒干，维生素C得以固定而减少氧化，所以是六大茶类中含量最高的。红茶在加工中不经杀青，而揉捻后发酵，维生素C在发酵中几乎全部氧化，所以红茶中含维生素C极少，或全部消失。

·茶汤的主要化学成分

茶树鲜叶中的有效成分，经过加工形成各种不同的茶叶后失去一部分，而保留下来的并不能完全溶解于茶汤中。溶解于热水（一般在80℃以上）中的物质，通常称为

表1-3 绿茶1次冲泡主要成分浸出率（%）

成分	浸出率（%）
茶多酚	44.96
表没食子儿茶素	55.88
表没食子儿茶素没食子酸酯	38.21
氨基酸	81.58
精氨酸	75.42
谷氨酸	89.49
茶氨酸	81.16
咖啡碱	66.71
糖	35.61

水浸出物，水浸出物主要是茶多酚、氨基酸、咖啡碱、水溶性果胶、可溶性糖、水溶性蛋白、水溶性色素、维生素和矿物质等。绿茶一次冲泡5分钟主要成分浸出物如表1-3所列。

从表1-3可以看出，一次冲泡各种物质浸出率差别很大，氨基酸最易溶于水，一次冲泡达80%以上；其次是咖啡碱，达60%以上；茶多酚较低，仅45%；最低的是可溶性糖，只有35%。因此，喝茶一次冲泡损失比较多，冲泡4次比较适合，能把茶叶中的有效物质几乎全部冲泡出来，见表1-4。

表1-4 高级龙井不同冲泡次数主要物质浸出率

成分	项目	冲泡次数				
		1次	2次	3次	4次	合计
水浸出物	含量（%）	16.45	9.04	4.91	2.45	32.85
	各次所占比例（%）	50.08	27.52	14.95	7.45	100
茶多酚	含量（%）	8.13	5.14	3.04	1.5	17.81
	各次所占比例（%）	45.50	28.76	17.01	8.73	100
氨基酸	含量（%）	1.88	0.61	0.15	0.03	2.67
	各次所占比例（%）	70.41	22.85	5.62	1.12	100

茶叶在冲泡中浸出物的多少，与冲泡时间、冲泡次数、水温有很大关系，与加工的方法和整碎程度也有一定关系。茶叶中的成分，鲜叶比成茶多，成茶比茶汤多。普通饮茶只能吸收溶解于茶汤中的一部分，所以一般而言茶叶水浸出物越多，茶叶的品质就越好。

茶中的营养物质及其药用机理

茶的成分很复杂。据报道，到目前为止茶叶中已分离鉴定的化合物有500余种，其中有机化合物有450余种，无机物营养素也有几十种。唐代陈藏器在《本草拾遗》中说，“茶为万病之药”。虽较夸张，但也说明了茶具有较广泛的治疗作用。现代药理研究证明，茶确实具有多方面的药理作用，有些是由单一成分来完成的，有些是由多个成分联合完成的，更有的是由成分间互补协同而完成的。因此，从某种意义上讲，茶对机体药理效果的发挥也是茶多种成分综合作用的结果。

现已证明，茶叶中与人体健康关系密切的成分，主要有以下几类。

·生物碱类

茶叶中的生物碱，主要包括咖啡碱（又名咖啡碱）、茶碱和可可碱。三者都属于甲基嘌呤类化合物，是一类重要的生理活性物质。三者的药理作用也非常近似，见表1-5。

但由于茶叶中茶碱的含量较低，而可可碱在水中的溶解度不高，因此，在茶叶生物碱中，起主要药效作用的是咖啡碱。

咖啡碱是茶叶中含量很高的生物碱，一般含量为2%～5%。每150毫升的茶汤中含有40毫克左右的咖啡碱。咖啡碱具弱碱性，能溶于水，尤其是热水。通常在80℃水温中即能溶解。咖啡碱还常和茶多酚成络合状态存在，故与游离状态的咖啡碱在生理机能上有所不同，不能单纯从含量来看其作用。在对咖啡碱安全性评价的综合报告中，其结论是：在人们正常的饮用剂量下，咖啡碱对人无致畸、致癌和致突变作用。

表1-5 茶叶中三种生物碱的药理作用比较

名称	茶叶中含量（%）	兴奋中枢	兴奋心脏	松弛平滑肌	利尿
咖啡碱	2～5	+++	+	+	+
茶碱	0.05	++	+++	+++	+++
可可碱	0.002	+	++	++	++

·多酚类

茶叶中多酚类物质有30多种，主要由儿茶素类、黄酮类化合物、花青素和酚酸组成，以儿茶素类化合物含量最高，约占茶多酚总量的70%。

茶多酚含量可因茶的品种、制作方法等不同而波动较大。绿茶中一般含量为干重的15%～35%，甚至有的品种超过40%。而红茶，因发酵使茶多酚大部分氧化，故含量低于绿茶，一般为10%~20%。

茶多酚的药理作用有：降低血脂；抑制动脉硬化；增强毛细血管功能；降低血糖；抗氧化、抗衰老；抗辐射；杀菌、消炎；抗癌、抗突变等。

儿茶素具有和维生素P相同的作用，抗放射性损伤及治疗偏头痛。

黄酮类及其苷类化合物具有与维生素P相同的作用，促进维生素的吸收，防治坏血病，且具有一定的利尿作用。

·维生素类

茶叶中含有丰富的维生素类，是维持人体健康及新陈代谢所不可缺少的物质。一般分为水溶性（以B族维生素、维生素C为最重要）与脂溶性（以维生素A、维生素E为最重要）两类。

B族维生素的含量一般为茶叶干重的100~150毫克/千克。维生素B_5（菸酸）的含量是B族维生素中最高的，约占B族维生素含量的一半。由于维生素B_5在人体内以烟酰胺起作用，是辅酶Ⅰ和辅酶Ⅱ的重要组成成分。缺乏维生素B_5，会使肝脏和肌肉中辅酶含量显著减少，引起癞皮病。所以，茶叶由于含有较多的维生素B_5，有利于预防和治疗癞皮病等皮肤病。茶叶中维生素B_1（硫胺素）含量比蔬菜高。维生素B_1的功效是维持神经、心脏及消化系统正常机能，并有促进人体糖代谢的作用，故有助于脚气病、多发性神经炎、心脏与胃机能障碍的防治。维生素B_2（核黄素）的含量为每100克干茶10~20毫克。维生素B_2缺乏，病变多发生在眼部、皮肤与黏膜交界处，因此饮茶对维持视网膜正常机能，防治角膜炎、结膜炎、脂溢性皮炎、皮炎、口角炎都有很好的作用。维生素B_3（泛酸）是一种复杂的有机酸，参与代谢的多种生物合成和降解。泛酸具有抗脂肪肝，预防动脉粥样硬化，防治由泛酸缺乏引起的皮肤炎、毛发脱落、肾上腺病变等作用。维生素B_1（叶酸）含量很高，约为茶叶干重的0.5~0.7毫克/千克，它参与人体核苷酸生物合成和脂肪代谢功能。

茶叶中维生素C含量很高，高级绿茶中维生素C的含量可高达0.5%。维生素C对人体有多种好处，能防治坏血病；增加机体抵抗力；促进创口愈合；能促使脂肪

变质茶对人身体的危害

茶的变质分很多种情况，在制作和保存过程中，操作不善或环境条件的不宜有可能使茶叶发焦、发酸、发霉、变馊或沾染其他异味，均可视为变质。变质茶含有大量对人体有害的物质和病菌、毒素，喝了这种茶会产生腹痛、腹泻、头晕等症状，严重的还会影响到内脏器官，引发多种疾病，因此不能饮用变质茶。

冲泡后放置太久的茶叶，即人们常说的隔夜茶，不仅茶汤营养尽失，还会滋生和繁殖大量细菌，同时茶叶中残留的单宁酸经氧化后会变成具有刺激性的强氧化物，对人体的胃肠会造成刺激，并引发炎症。即使是名优茶也不例外，不能因爱茶舍不得丢弃而继续饮用。

氧化，排出胆固醇，从而对由血脂升高而引起的动脉硬化有防治功效；维生素C还参与人体内物质的氧化还原反应，促进解毒作用，有助于将人体内有毒的重金属离子排出体外；此外，维生素C还有抑制致癌物质亚硝胺的形成和抑制癌细胞增殖的作用，具有明显的抗癌效应。在正常饮食情况下，每天饮好茶3～4杯，基本上可以满足人体对维生素C的需求。

茶叶中还含有不少脂溶性维生素，如维生素A、维生素E、维生素K等，它们对人体正常生理也很重要。茶叶中的维生素A原（胡萝卜素）的含量比胡萝卜还高，它能维持人体正常发育，能维持上皮细胞正常机能状态，防止角化，并能参加视网膜内视紫质的合成。维生素E（生育酚）的含量为茶叶干重的300～800毫克/千克，主要存在于脂质组分中。它是一种著名的抗氧化剂，可以阻止人体中脂质的过氧化过程，因此具有防衰老的功效。茶叶中维生素K的含量为每克成茶300～500国际单位，因此每天喝5杯茶即可满足人体的需要。维生素K可促进肝脏合成凝血素，故有益于人体的凝血与止血机制。

因为茶的脂溶性成分难溶于汤水中，所以提倡“吃”茶。除饮茶时茶叶入口可吃下外，还可以将茶叶磨细粉制成各种食品吃下去或做茶膳食用。

维生素虽然广泛存在于茶叶中，但含量却也有多有少。一般绿茶多于红茶，优质茶多于低级茶，春茶多于夏、秋茶。

·*矿物质*

茶叶中含有多种矿物质元素，其中以磷和钾含量最高；其次为钙、镁、铁、锰、铝；微量成分有铜、锌、钠、硫、氟、硒等。这些矿物质元素中的大多数对人体健康是有益的。

微量元素氟在茶叶中含量远高于其他植物。氟对预防龋齿和防治老年骨质疏松有明显效果。

硒是人体谷胱甘肽氧化酶（GSH–PX）的必需组成成分，能刺激免疫蛋白及抗体的产生，增强人体对疾病的抵抗力；又可防治某些地方病，如克山病；并对治疗冠心病有效；还能抑制癌细胞的发生和发展。据测定，产于中国陕西省紫阳县的紫阳绿茶含硒量很高。此外，湖北省恩施地区的茶叶也含有丰富的硒。

锌可通过形成核糖核酸（RNA）和脱氧核糖核酸（DNA）聚合酶而直接影响核酸及蛋白质的合成，又可影响垂体分泌。所以，缺锌会使儿童和青少年生长发育缓慢，性腺机能减退。此外，锌还有利于提高智力与抗病力，不论老少都很需要。茶叶中锌的含量通常为35～50微克/100克。

铁与铜都与人体的造血功能有关。铁含量在绿茶中达80～260微克/100克，在红茶中达110～290微克/100克。铁在人体中可组成血红蛋白，参与体内氧和二氧化碳的输送；参与组成组织呼吸酶（如细胞色素氧化酶、过氧化氢酶等）。铜可促进铁构成血红蛋白，是生物催化剂，又参与各种氧化酶的形成。

·氨基酸及其他

茶叶中的氨基酸种类已报道的有25种。其中，茶氨酸的含量最高，占氨基酸总量的50%以上。众所周知，氨基酸是人体必需的营养成分。有的氨基酸和人体健康有密切关系，如谷氨酸、精氨酸能降低血氨，治疗肝昏迷；蛋氨酸能调节脂肪代谢，参与机体内物质的甲基运转过程，防止动物实验性营养缺乏所导致的肝坏死；胱氨酸有促进毛发生长与防止早衰的功效；半胱氨酸能抗辐射性损伤，参与机体的氧化还原生化过程，调节脂肪代谢，防止动物实验性肝坏死。精氨酸、苏氨酸、组氨酸对促进人体生长发育以及智力发育有效，又可增加钙与铁的吸收，预防老年性骨质疏松。

除了上述这些主要组分外，茶叶中还含有一些次要的活性组分，它们的含量虽然不高，但却具有独特的药效。如茶叶中的脂多糖具有抗辐射和增加白细胞数量的功效；茶叶中几种多糖的复合物和茶叶脂质组分中的二苯胺，具有降血糖的功效；茶叶在厌氧条件下加工形成的α-氨基丁酸具有降血压的作用。

Tips 国王的测试

茶刚传入欧洲的时候，人们对茶并不十分了解，有些人称之为灵丹妙药，也有些人说它有毒。18世纪，瑞典国王古斯塔夫对茶的效用产生了很大的兴趣。为了搞明白，他赦免了一对被判死刑的孪生兄弟，但是要求哥哥每天饮几杯茶，弟弟每天饮几杯咖啡。这是一个漫长的测试，结果兄弟两人都活过了80岁，喝茶的哥哥甚至比喝咖啡的弟弟多活了几年。虽然国王没有能够看到测试的最终结果，但是饮茶的健康功效显然得到了证明。于是，饮茶之风在瑞典乃至欧洲盛行开来。

茶的20个现代功效

茶的功效中，属现代功效的下文共计列述20项。其中部分项目与中医功效有关，如兴奋中枢神经与少睡有关，利尿与利水有关等。

1.减肥

减肥，包括轻身与健美。肥胖病大都是因人体脂肪代谢失常，过多积聚所引起的。茶叶的减肥功效是由于茶多酚、叶绿素、维生素C等多种有效成分的综合作用。茶多酚能溶解脂肪；叶绿素能阻碍胆固醇的消化和吸收；维生素C有促进胆固醇排泄的作用。因而可以达到理想的减肥效果。

2.降脂

降脂（又称降血脂），是指降低血液中胆固醇的含量，用以防治高血脂（或称高脂血症）。由于肥胖病往往同时引起胆固醇的升高，所以茶的减肥作用同样对降脂有效。茶叶中的茶多酚不仅能溶解脂肪，而且还能明显地抑制血浆和肝脏中胆固醇含量的上升，抑制动脉内壁上的胆固醇沉着。因此，平素饮茶不仅能降脂，而且还可预防血脂升高。

3.防治动脉硬化

动脉硬化又称动脉粥样硬化，常因肥胖和高血脂引起，茶中多种有效成分的综合作用使其能减肥和降脂，所以对动脉硬化症有一定的防治作用。此外，茶多酚能抑制动脉平滑肌的增生，也有利于动脉硬化的防治。

4.防治冠心病

冠心病，又称冠状动脉粥样硬化性心脏病。冠心病发生与前述三种疾病关系十分密切。所以，饮茶对防治冠心病有效。统计资料表明，不喝茶的人冠心病发病率为3.1%，偶尔喝茶的降为2.3%，常喝茶者冠心病发病率（喝3年以上）只有1.4%。

5.降压

高血压指收缩压或舒张压增高，超过正常水平。动脉硬化不但导致冠心病，与高血压关系也十分密切。降压，即降低血压，是对高血压而言。茶叶中的茶多酚、维生素C和维生素PP等都是防治高血压的有效成分。尤其茶多酚对改善毛细血管的功能及儿茶素类化合物和茶黄素对血管紧张素I转化酶的活性有明显的抑制作用等，都能直接降低血压。

6.抗衰老

人体中脂质被氧化已被证明是人体

衰老的主要原因之一，食用一些具有抗氧化作用的化合物，如维生素C、维生素E能延缓衰老。茶叶中不仅含有较多的维生素C与维生素E，而且茶多酚还起重要作用。据日本学者研究：向来被视为抗衰老药的维生素E，其抗氧化作用只有4%；而绿茶因富含茶多酚，其抗氧化的效果高达74%。另外茶叶中的氨基酸和微量元素等也有一定的抗衰老功效。

7.抗癌

抗癌，泛指对各种恶性肿瘤的防治作用。中国预防医学科学院曾对140余种茶叶进行活体内、外的实验，其结果肯定了茶叶的抗癌及抗突变作用。茶叶主要对人体致癌性亚硝基化合物的形成具有阻断作用，其中的多酚类化合物和儿茶素物质能抑制某些能活化原致癌物的酶系，而且还可直接和亲电子的最终致癌代谢物起作用，改变其活性，从而减少对原致癌基因的引发和促成，使最终致癌物的数量减少。经大量的人群比较，结果也证明饮茶者的癌症发病率较不饮茶者低。

8.降糖

降糖（又称降血糖），是对糖尿病而言。据报道，日本曾用茶叶去除咖啡碱后制成一种专治糖尿病的药物，经临床实验，其效果与胰岛素相仿。就降血糖效果而言，红茶不如绿茶。泡茶温度，冷水优于热水。茶的降血糖有效成分，目前已报道如下3种：复合多糖、儿茶素类化合物、二苯胺。此外，茶叶中的维生素C、维生素B_1能促进动物体内糖分的代谢作用。所以，经常饮茶可作为糖尿病的辅助疗法之一。

9.抑菌消炎

现已证明，茶叶中的儿茶素类化合物对伤寒杆菌、副伤寒杆菌、白喉杆菌、绿脓杆菌、金黄色溶血性葡萄球菌、

溶血性链球菌和痢疾杆菌等多种病原细菌具有明显的抑制作用。茶叶中的黄烷醇类具有直接的消炎效果，还能促进肾上腺体的活动，使肾上腺素增加，从而降低毛细血管的通性，减少血液渗出。同时对发炎因子组胺有良好的拮抗作用，可用于治疗慢性炎症。

10.减轻烟毒

吸烟者因尼古丁的吸入，可以导致血压上升、动脉硬化及维生素C的流失，从而加速人体衰老。据调查，每吸一支烟可使体内维生素C含量减少25毫克，吸烟者体内维生素C的浓度低于不吸烟者。因此吸烟者喝茶，尤其是绿茶，可以解烟毒并补充人体所需的维生素C。绿茶还有加强血管的功能。另外，香烟烟雾中还含有苯并芘等多种化学致癌物，而绿茶提取物对其有抑制作用。因此，提倡吸烟者同时饮茶，这对减轻香烟的毒害作用是有益的。

11.减轻重金属毒

随着现代工业的发展，不可避免地会出现环境污染。各种重金属（如铜、铅、汞、镉、铬等）在食品、饮水中含量过高，可造成对人体的损害。茶叶中的茶多酚对重金属具有较强的吸附、沉淀作用，所以茶可减轻重金属毒。

12.抗辐射

实验用红茶、绿茶和茶叶中提取的多酚类化合物喂养大白鼠，再用致死剂量的放射性锶-90（90Sr）进行处理，结果发现：茶叶约可吸收90%放射性锶-90，而且吸收的时间比同位素到达骨髓的时间更短，这就避免了人体吸收这类危险物质，降低生物体内积累的锶-90（90Sr）水平。

13.兴奋中枢神经

茶叶兴奋中枢神经的作用与前文中医功效中的“少睡”有关。茶叶中含有大量的咖啡碱与黄烷醇类化合物，具有加强中枢神经兴奋性的作用，因此具有醒脑、提神等作用。小鼠迷宫实验等研究证实，茶有一定的健脑、益智功效，可增强学习、记忆的能力。

14.利尿

有关内容在前文传统功效中的“利水”一节已提到。现代研究表明这主要是由于茶叶中所含的咖啡碱和茶碱通过扩张肾脏的微血管，增加肾血流量以及抑制肾小管水的再吸收等机制，从而起到明显的利尿作用。

15.防龋

茶叶防龋在前文传统功效“坚齿”中已经述及。这种功能与茶叶中所含的微量元素氟有关，尤其是老茶叶含氟量更高。

氟有防龋坚骨的作用。食物中含氟量过低，则易生龋齿。此外，茶多酚类化合物还可杀死口腔内多种细菌，对治疗牙周炎有一定效果。因此，常饮茶或以茶漱口，可以防止龋齿。

16.明目

茶的明目作用，在前文中医功效“明目”中已提到。由于人眼的晶体对维生素C的需要量比其他组织高，若摄入不足，易致晶状体混浊而患白内障；夜盲症的发生主要和缺乏维生素A有关。茶叶中含有较多的维生素C与维生素A原——胡萝卜素，因此多饮绿茶可以明目，能防治多种眼疾。

17.助消化

茶助消化作用，与前文中医功效中“消食”有关。主要是茶叶中的咖啡碱和黄烷醇类化合物可以增加消化道蠕动，因而也就有助于食物的消化，可以预防消化器官疾病的发生。因此饭后，尤其是摄入较多油腻食品后，适量饮茶是很有助于消化的。

18.止痢和预防便秘

茶的止痢作用，与前文中医功效中的“治痢”有关。其疗效的产生，主要是茶叶中的儿茶素类化合物，对病原菌有明显的抑制作用。另外，由于茶叶中茶多酚的作用，可以使肠管蠕动能力增强，故又有治疗便秘的功效。

19.解酒

茶之解酒，与前文中医功效中“醒酒”有关。因为肝脏在酒精水解过程中需要维生素C做催化剂。饮茶，可以补充维生素C，有利于酒精在肝脏内解毒。另一方面，茶叶中咖啡碱的利尿作用，使酒精迅速排出体外；而且，又能兴奋因酒精而处于抑制状态的大脑中枢，因而起到解酒作用。

20.其他

除了上述19个功效外，茶还可以预防胆囊、肾脏、膀胱等结石的形成；可以防治各种维生素缺乏症；还可以预防黏膜与牙床的出血与浮肿，预防眼底出血；咀嚼干茶叶，可减轻怀孕妇女的妊娠期反应以及晕车、晕船所引起的恶心。用茶渣制成外用涂剂均有利于养颜、美容。

Tips 茶水煮饭更健康

用茶水煮出的米饭比用普通开水煮出的米饭不仅在色、香、味上都更胜一筹，而且能够去腻、洁口、化食和防治疾病。从营养学角度分析，茶水煮饭至少有以下几个方面的好处：首先是茶饭中的茶多酚能有效阻断食物中亚硝酸胺在人体内的合成，可以预防消化道癌的发生；其次，用茶水煮饭对保护血管和促进血液循环大有裨益。此外，茶水煮饭还能有效地防止中风，有效地预防牙齿疾病等。

第二章

饮茶

竹露松风烹茶叶，一盏清茗养身心

最初人们将茶树叶放在水中煮，饮茶汤作药用，食嫩叶作为蔬菜，随着时间的推移，茶慢慢普及成为一种饮品。

茶叶袅袅水中开
——泡饮之道

中国饮茶有着悠久的历史，茶文化发展到今天，饮茶不仅有着深厚的文化底蕴，还是养生的重要载体。

虽然中国茶叶的分类尚无统一的方法，但比较科学的是依据茶叶在制造中发酵程度不同而出现的不同颜色分类的。归纳为六大类，即是绿茶、黄茶、黑茶、红茶、青茶（乌龙茶）和白茶。各种茶类的特色如下。

绿茶：清汤绿叶，具清香或熟栗香、花香，滋味鲜爽。绿茶之所以是绿色是因为在加工中首先经过高温杀青，制止了酶促氧化，保持了鲜叶的绿色，为不发酵茶。

红茶：红汤红叶，色泽乌润，冲泡后具有花香或蜜糖香，滋味醇爽。红茶呈红色是因为在加工中不经杀青，保持了酶的活性，使茶叶充分氧化后变成红色，为全发酵茶。

西湖龙井叶底

青茶（乌龙茶）：色泽青润有光，茶汤金黄，香气馥郁芬芳，花香明显，叶底绿叶红镶边。青茶之所以是青色，是因为在加工中采用先摇青发酵后杀青的方法，使得茶叶既有红的部分又有绿的部分，从而呈现青色，一般称为半发酵茶（正确叫法为部分发酵茶）。

以上三种茶叶都是由于加工过程酶促氧化而变色的。

祁门红茶叶底

黄茶：黄汤黄叶，香高味醇。黄茶之所以是黄色，是因为加工中先杀青，后进行闷黄而使得茶叶呈现黄色，为轻发酵茶。

黑茶：色泽黑褐，汤色红亮，滋味醇厚。黑茶之所以是黑色，是因为其加工过程中先经杀青或者揉捻后经渥堆重发酵，而使茶叶变成黑色。

安溪铁观音叶底

黄茶和黑茶是微生物后发酵茶，属于菌类发酵，所以不会出现红色。

君山银针叶底

白茶：毫色银白，芽头肥壮，汤色黄亮，滋味鲜醇，叶底嫩匀。白茶之所以呈白色，是因为加工白茶的原料是大白毫茶，加工时不炒不揉，成茶满披白毛，呈白色。白茶属于微发酵茶，既有酶促氧化又有微生物氧化。

黑砖普洱茶叶底

选对饮茶的时间

饮茶有时间上的要求和禁忌，那么什么时候才是最佳的饮茶时间呢？

最佳的饮茶时间是在进食半个小时之后，这个时候食物已经得到了一定的消化，身体出现些许疲劳，适量饮茶不仅能够促进消化的继续进行，同时也能够达到很好的提神和抗疲劳的效果。

福鼎白茶叶底

了解茶的功效

要做到科学合理地饮茶，不仅要把握好饮茶的时间，还要对不同种类和地域的茶叶的功效有一定的了解，这样才会有针对性地饮用，实现茶叶保健养生效能的最大化发挥。

比如知道维生素C在茶叶中的含量较多，同时了解维生素C有降低胆固醇作用，能够起到减肥节食的效果，这是了解茶叶的营养素及其疗效。也要了解不同种类的茶叶在人体健康上的不同效用，例如乌龙茶对于减肥的效果极佳，而绿茶对于血液循环、视力和免疫力的提高有着更强的功效。所以，了解茶叶的功效是进行科学合理饮茶的重要前提。

掌握泡茶的技巧

做到科学合理地饮茶还要掌握一定的泡茶技巧，如果方法不当，也会弄巧成拙，影响茶叶品性的发挥和品饮的实用性。

首先要懂得品鉴泡茶的用水，是不是甘洁鲜活。

其次是泡茶器皿。器皿在清洁实用的基础上还要注意美观和质地，做到与茶性相融通，使茶叶的色香能够很好地发挥出来。

最后要注意泡茶用量、水温以及冲泡时间。茶量、水温和冲泡的时间因茶而定，当然，每一种茶叶还有许多独特的冲泡技巧。对于泡茶技巧掌握得越丰富和熟练，那么饮茶越容易做到科学合理，达到实用性与艺术性的完美结合。

泡茶的方法更加重要，科学泡茶有三要素：一是茶叶与水的比例，二是水的温度，三是冲泡时间和次数。

一般红、绿茶用茶3克左右，加水150～200毫升，最好分步加水，也就是茶叶放入杯中，先加1/3的开水（高档细嫩的绿茶如碧螺春、雨花茶需将沸水温度降低至80℃左右），2～3分钟后再加开水至150～200毫升，2分钟以后即可饮用，当茶水还剩1/3时加水泡第二次，一般冲泡3次，茶叶中的可溶性有效成分茶多酚、氨基酸、咖啡碱等90%以上都泡出了，所以不要冲泡次数过多。

乌龙茶、普洱茶一般用茶6～10克，冲泡前先用沸水温烫茶壶，再放入茶叶，加水200毫升左右。乌龙茶每次冲泡的时间较短，冲泡次数可以多一些，第一次冲泡1分钟后就可以将茶水倒至配套的小杯中饮用，第二次冲泡1.5分钟，第三次冲泡2分钟，第四次冲泡2.5分钟，时间随次数而增加，可以保持前后每一次茶汤浓度均匀。

茶叶品质各有不同，其品饮技巧也有差异。要冲泡一壶好茶，必须了解茶叶特性，而且须配合其他因素，如茶叶品质，水质，泡茶器具，泡茶技巧等。

西湖龙井茶汤

祁门红茶茶汤

安溪铁观音茶汤

君山银针茶汤

熟普洱茶汤

绿茶

绿茶在中国是最早诞生的一个茶类，也是产量最高的茶类。绿茶加工第一道工序是杀青，然后再揉捻、干燥，为不发酵茶。较多地保留了鲜叶内的天然物质，其中茶多酚、咖啡碱保留鲜叶的85%以上，叶绿素保留50%左右，维生素损失也较少，从而形成了绿茶“青汤绿叶，滋味清爽，收敛性强”的特点，故称为绿茶。

绿茶的色泽较多地保存了鲜茶叶的绿色主调，冲泡后的茶汤则保存了鲜叶内茶多酚、咖啡碱、叶绿素、维生素等天然物质。绿茶以茶汤色碧绿清澈、茶汤中绿叶飘逸沉浮的姿态最为著名。收敛性强，品之神清气爽。

绿茶与健康

绿茶的功效

绿茶最大限度地保留了鲜叶中的保健成分，对防衰老、防癌、抗癌、杀菌、消炎等均有特殊效果，为其他茶类所不及。

1. 防衰老：儿茶素是绿茶成分中的精髓部分，能显著提高人体SOD的活性，清除人体氧化自由基，阻止自由基对人体的伤害，有助于抵抗衰老。

开化龙顶

洞庭东山碧螺春

2. 降血脂：儿茶素能降低血液中的胆固醇含量，降低动脉硬化的发生，且绿茶中的黄酮类物质能抗氧化，因而可以降低心血管疾病的发生率，是高血压、高血脂、糖尿病等病人日常保健养生的必备佳品。

3. 减肥瘦身：绿茶中的茶碱和咖啡碱能减少脂肪的堆积，且对人体肠内的益生菌没有破坏作用，喝绿茶减肥安全可靠，不伤身体。

近年研究表明，绿茶能够帮助改善消化不良，比如由细菌引起的急性腹泻，喝绿茶可减轻病症。经常接触油漆、电脑等群体可多饮绿茶；喜欢抽烟喝酒的人可多饮绿茶。而对于老年人来讲，如果你是个老茶客，最好选用冷泡法泡茶，即用凉白开泡茶，这样可降“三高”。绿茶不能空腹喝，否则会“茶醉”；感冒者、肠胃不好者不宜喝绿茶。

适宜用量：老年人一次3克左右，年轻人每次2克即可，儿童每次不宜超过2克。

适宜季节：四季皆可，尤其适合夏季。

适宜人群：一般人均可，尤其适宜高血压、高血脂、冠心病、动脉硬化、糖尿病、油腻食品食用过多者。

女性喝绿茶避开经期

首先，女性每次月经期要额外损失18～21毫克的铁，如果月经期间饮用绿茶，身体内铁的流失量就会更大，绿茶越浓，对铁吸收的阻碍作用就越大。其次，女性月经期常常会有大便秘结的症状，绿茶中较多的茶多酚有收敛作用，会加重便秘症状，因为茶多酚具有收敛作用，可使肠蠕动减慢，进而导致大便滞留在肠道。第三，女性月经期间常伴有不同程度的精神紧张、头痛、乳房胀痛等反应，茶中的咖啡碱、茶碱等物质会加重痛经、头痛、腰酸等经期反应。

饮用绿茶的宜忌

一般人均可饮用。

1.适宜高血压、高血脂、动脉硬化、糖尿病、油腻食品食用过多者、醉酒者。

2.不适宜发热、肾功能不全、心血管疾病、习惯性便秘、消化道溃疡、神经衰弱、失眠、孕妇、哺乳期妇女、儿童。

特别注意：因为绿茶能在很短的时间内降低人体血糖，所以低血糖患者慎用。

绿茶冲泡方法

1. 茶具的选用：透明度佳的玻璃杯是冲泡绿茶的首选，尤其是西湖龙井、碧螺春等细嫩的名贵绿茶。除玻璃杯外，白瓷茶杯也是一个不错的选择。瓷茶具造型更为雅致，托在手中手感细腻，比玻璃杯更易于保温。

2. 水温的控制：冲泡绿茶最适宜的水温在85℃左右，根据冲泡方法及茶叶品种、时节、鲜嫩程度的不同，水温可适当调整。水温太高不利于及时散热，茶汤会被闷得泛黄，口感苦涩，带熟汤之气。冲泡两次之后水温可适当提高。

3. 冲泡方法：冲泡绿茶有两种常用的方法，即上投法、中投法。上投法是一次性向茶杯中加入足量热水，待水温适度时放入茶叶。此法水温要掌握得非常准确，越是嫩度好的茶叶，水温要求越低，有的茶叶可在水温70℃时再投放。中投法是在投放茶叶后，先注入1/3的热水，稍加摇动使茶叶吸足水分舒展开来，再注至七分满热水。

上投法、中投法适合细嫩的茶叶，还有一种方法比较少用，即下投法。下投法与前两种不同，它是先投放茶叶，然后一次性向茶杯内倒入足量热水。此法适用于细嫩度较差的一般绿茶。

4. 冲泡次数：冲泡品饮绿茶以前三次冲泡为最佳，至第三泡之后滋味已经开始变淡。

西湖龙井
兰香郁满西子湖

龙井村龙井

梅家坞龙井

杨梅岭龙井

翁家山龙井

名茶简介

“欲把西湖比西子，从来佳茗似佳人”，西湖美景、龙井名茶，早已名扬天下。西湖龙井属扁形绿茶，居中国名茶之冠。产于浙江杭州西湖的狮峰、龙井、五云山、虎跑一带，历史上曾分为“狮、龙、云、虎”四个品类，其中多认为以产于狮峰的品质为最佳。今天已经归并为狮、龙、梅三大品类，其中狮峰最为珍贵，采于谷雨前更佳，成品以色翠、香郁、味甘、形美四绝而著称于世，有“国茶”之称。

西湖群山产茶已有千百年的历史，在唐代时就享有盛名，但形成扁形的龙井茶，大约还是近几百年的事。相传，乾隆皇帝巡视杭州时，曾在龙井茶区的天竺作诗一首，诗名为《观采茶作歌》。

龙井茶外形挺直削尖、扁平俊秀、光滑匀齐、色泽绿中显黄。冲泡后，香气清高持久，香馥若兰；汤色杏绿，清澈明亮；叶底嫩绿，匀齐成朵，栩栩如生。品饮茶汤，沁人心脾，齿间流芳，回味无穷。

冲泡方法

选用陶瓷或玻璃茶具，倒入85～95℃沸水，以纯净水或山泉水为佳，每杯投放3克茶叶，或根据个人口味调整，然后，倒1/3杯开水，浸润，摇香30秒左右，再用悬壶高冲法注入七分满之开水，35秒之后，即可饮用。

品饮茶香

龙井茶的特点是香郁味醇，非浓烈之感，细品慢啜才能领略其香味特点。上等龙井茶，以黄豆为肥，所以在冲泡初时，有浓郁的豆香。

洞庭碧螺春

银白隐翠醉万里

名茶简介

碧螺春属中国十大绿茶之一。名若其茶，色泽碧绿，形似螺旋，满披茸毛，产于早春。以形美、色艳、香浓、味醇“四绝”闻名于中外。

吴郡碧螺春

碧螺春为绿茶中的珍品，在唐代时期碧螺春被誉为贡茶，专为皇宫贵族所享用。传说清康熙皇帝南巡苏州赐名为“碧螺春”。

碧螺春产于江苏省苏州市太湖洞庭山，所以又称“洞庭碧螺春”。太湖水面，水汽升腾，雾气悠悠，空气湿润，土壤呈微酸性或酸性，质地疏松，极宜于茶树生长，由于茶树与果树间种，所以碧螺春茶叶具有特殊的花果香味。

碧螺春冲泡过程

碧螺春干茶

碧螺春茶汤

碧螺春叶底

碧螺春条索紧结，卷曲似螺，边沿上有一层均匀的细白绒毛。碧螺春以“形美，色艳，香浓，味醇”而闻名中外。其成品茶外形条索纤细，卷曲成螺，满身披毫，银白隐翠，香气浓郁，滋味鲜醇甘厚，汤色碧绿清澈，叶底嫩绿明亮。有“一嫩（芽叶）三鲜”（色、香、味）之称。

冲泡方法

在透明的玻璃杯中倒入70℃左右的沸水，手摸杯子微微觉得烫就可以了，然后放入茶叶。

品饮茶香

碧螺春刚入水后，感受到淡泊高雅的水果香，约维持30秒后果香逐渐转为茶香，使人感到心旷神怡，仿佛置身于洞庭东西山的茶园之中。碧螺春产自不同果园，或水温有微小差异，其果香味亦不尽相同，妙趣横生。

黄山毛峰
片片黄金白兰香

名茶简介

“黄山毛峰”因其“白毫披身，芽尖似峰”，产自黄山而得名。黄山毛峰外形微卷，状似雀舌，绿中泛黄，银毫显露，且带有金黄色鱼叶（俗称黄金片）。

黄山常年云雾缭绕，茶树终日笼罩在云雾之中，这样的自然条件很适合茶树生长，因而叶肥汁多，经久耐泡。加上黄山遍生兰花，采茶之际，正值山花烂漫，花香的熏染，使黄山茶叶格外清香，风味独具。

冲泡后清香高长，汤色清澈，滋味鲜浓、醇厚、甘甜，叶底嫩黄，肥壮成朵，经久耐泡，香气持久似白兰，成为茶中的上品。

冲泡方法

将2克茶叶放入玻璃杯中，先倒入少量开水，以浸没茶叶为度，加盖1分钟左右，再注入开水七八成满便可趁热饮用。也可将3克茶叶放入白瓷杯中冲泡。黄山毛峰冲泡宜淡不宜浓。饮茶时，一般杯中茶水剩1/3时，加入开水，这样能维持茶水的适当浓度。每杯茶可续水3~4次。

黄山毛峰冲泡过程

黄山毛峰干茶

黄山毛峰茶汤

黄山毛峰叶底

品饮茶香

黄山毛峰冲泡后汤色清澈明亮带有杏黄色；香气清香高长，馥郁酷似白兰，沁人心脾。滋味鲜浓，醇和高雅，回味甘甜。

庐山云雾
轻如白絮瀚如波涛

名茶简介

庐山云雾茶古称“闻林茶”。因产自中国江西的庐山而得名。“匡庐奇秀甲天下，云雾醇香益寿年”。素来以“味醇、色秀、香馨、汤清”享有盛名。宋代，庐山名茶已成“贡茶”。

庐山云雾茶树叶生长期长，所含有益成分高，茶生物碱、维生素C的含量都高于一般茶叶。云雾茶风味独特，由于受庐山凉爽多雾的气候及日光直射时间短等条件影响，形成其叶厚，毫多，醇甘耐泡，含茶多酚、芳香油类和维生素较多等特点，不仅味道浓郁清香，怡神解渴，而且可以帮助消化，杀菌解毒，具有防止肠胃感染，增加抗坏血病等功能。

庐山云雾茶的品质特征为：外形条索紧结重实，饱满秀丽；色泽碧嫩光滑，芽隐绿；香气芬芳、高长、锐鲜；汤色绿而透明；滋味爽快，浓醇鲜甘；叶底嫩绿微黄，鲜明，柔软舒展。通常用“六绝”来形容庐山云雾茶，即“条索粗壮、青翠多毫、汤色明亮、叶嫩匀齐、香凛持久，醇厚味甘”。

朱德曾有诗赞美庐山云雾茶云：“庐山云雾茶，味浓性泼辣，若得长年饮，延年益寿法”。

冲泡方法

将85℃开水冲入玻璃杯中，然后取3克左右的茶投入。庐山云雾茶冲泡不超过3次。

品饮茶香

如果用的是玻璃杯，你将会看到：有的茶叶直线下沉，有的茶叶徘徊缓下，有的茶叶上下沉浮，舒展游动，这种过程，人们称之为“茶舞”。不久，干茶吸足水分，逐渐展开叶片，现出一芽一叶，而汤面水汽夹着茶香缕缕上升，这时你趁热嗅闻茶汤香气，必然心旷神怡。

六安瓜片
朵朵瑞云如莲花

名茶简介

六安瓜片（又称片茶），产自安徽省六安市，为绿茶特种茶类。在中国名茶史上一直占据显赫的位置。采自当地特有品种，经扳片、剔去嫩芽及茶梗，通过独特的传统加工工艺制成形似瓜子的片形茶叶。

六安瓜片干茶

“六安瓜片”驰名古今中外，得惠于其独特的产地、工艺和品质优势。其主产地是革命老区金寨县，全县地处大别山北麓，高山环抱，云雾缭绕，气候温和，生态植被良好。同时，“六安瓜片”是中国绿茶中唯一不采梗不采芽只采叶的茶叶，其采摘也与众不同，是茶农取自茶枝嫩梢壮叶，因而，叶片肉质厚，营养最佳。

六安瓜片茶汤

“六安瓜片”的炒制工具是原始生锅、芒花帚和栗炭，拉火翻烘，人工翻炒，前后达81次，茶叶单片不带梗芽，色泽宝绿，起润有霜，形成汤色澄明绿亮、香气清高、回味悠长等特有品质。正因为此，“六安瓜片”茶既是消暑解渴的饮品，又是清心明目、提神消乏的良药，更是消食、解毒、美容、祛疲劳的保健佳品。

六安瓜片叶底

冲泡方法

将六安瓜片放入玻璃杯中，先用少许的水温润茶叶，水温一般在85℃左右，因为六安瓜片的叶比较嫩，如果用100℃来冲泡就会使茶叶受损，茶汤变黄，味道也就成了苦涩味。“摇香”能使茶叶香气充分发挥，使茶叶中的内含物充分溶解到茶汤里。

品饮茶香

六安瓜片汤色嫩绿明净，清澈明亮，滋味醇正回甜，叶底嫩黄。香气高长鲜爽，并有熟栗清香。

信阳毛尖
茶香味浓无可比

名茶简介

信阳毛尖属绿茶类，为河南省著名特产之一，素来以“细、圆、光、直、多白毫、香高、味浓、汤色绿”的独特风格而饮誉中外。信阳毛尖，亦称“豫毛峰”。信阳毛尖的驰名产地是五云（车云、集云、云雾、天云、连云）、两潭（黑龙潭、白龙潭）、一山（震雷山）、一寨（何家寨）、一寺（灵山寺）。这些地方海拔多在500米~800米以上，高山峻岭，群峦叠翠，溪流纵横，云雾弥漫。乾隆时有个拔贡叫程悌，常游车云山而留有一诗：“云去青山空，云来青山白，白云只在山，常伴山中客。”黑白两潭景色更是绮丽诱人，清时张铙有诗描述：“立马层崖下，凌空瀑布来。溅花飞霁雪，暄石响晴雷。直讶银河泻，遥疑玉洞开。缘知龙伯戏，击水不能回。”这云雾弥漫之地，丝丝缕缕如烟之水气，滋润了肥壮柔嫩的茶芽，为制作独特的信阳毛尖提供了天然资源。

冲泡方法

取3克左右的茶叶，放入玻璃杯中，倒入85℃的开水至1/3杯深处，轻摇几下，令茶叶初步润湿舒展，然后继续加同样温度的水至七分满，静待几分钟，待茶叶完全舒展，茶香四溢，茶汤呈现明亮的淡绿色时，即可饮用。

品饮茶香

信阳毛尖的色、香、味、形均有独特个性。其颜色鲜润、干净，不含杂质；其香气高雅、清新；其味道鲜爽、醇香、回甘；其外形匀整、鲜绿有光泽、白毫明显。工作之余，泡一杯汤色鲜亮淡绿的信阳毛尖，既赏心悦目，又提神解乏。

信阳毛尖干茶

信阳毛尖茶汤

信阳毛尖叶底

都匀毛尖
纤细软绒香味久

名茶简介

都匀毛尖产于贵州都匀市山势起伏、海拔千米的高山，林木苍郁、云雾笼罩的高海拔、寡日照、昼夜温差大的生态气候环境中。茶叶品质：色泽润绿，白毫显露，条索紧细卷曲，香气清新，滋味鲜爽回甘，汤色绿亮，叶底匀齐。

1915年获巴拿马万国博览会金奖。崇祯皇帝赐名“鱼钩茶”。1956年毛主席命名“毛尖茶”。2010年被选为上海世博会十大名茶。

都匀毛尖以“斗篷山”北脉，海拔1 480米的螺蛳壳之巅所产的毛尖最名贵。是名茶中的珍品。

冲泡方法

将矿泉水或纯净水迅速烧开后凉至80℃左右，取烫过的白瓷杯一只，加入适量茶叶后将凉好的水倒入1/3处，轻轻摇晃，口鼻靠近杯口深深吸气以品茶香；待茶叶润泽舒展，继续加水至将满处，待茶汤颜色显明，即可饮用。

都匀毛尖干茶

都匀毛尖茶汤

都匀毛尖叶底

品饮茶香

都匀毛尖素有“三绿透黄色”的特色，即干茶色泽绿中带黄，汤色绿中透黄，叶底绿中显黄。其香气清嫩，在初次注水时品其香最能得其香醇；注满水后品之，则得其清明优雅。其绿中带黄的清嫩优雅之态，令人观之不忍眨眼，闻之不忍换气，饮之不忍喝光。

阳羡雪芽
精细芬芳冠天下

名茶简介

阳羡雪芽产自江苏宜兴。宜兴古称阳羡，其南部山区多产茶叶，是中国最负盛名的古茶区之一，也是中国重要的茶叶基地之一。阳羡茶始于东汉，盛于唐朝，成熟于宋、明、清。茶圣陆羽为撰写《茶经》，曾在阳羡南部山区作了长时间的考察，认为其“芬芳冠世产，可供上方”。由于茶圣的推荐，阳羡茶成了唐朝的贡茶。宋代大文豪苏轼曾多次到宜兴并打算“买田阳羡，种桔养老”，并为后人留下了“雪芽为我求阳羡，乳水君应饷惠泉”的咏茶名句。1984年，宜兴研制出高级绿茶新品——“阳羡雪芽”，便是得名于苏轼的诗句。

阳羡雪芽于谷雨时采选宜兴南部山区细嫩的青叶单芽为原料，经高温杀青、轻度揉捻、整形干燥、割末贮藏四道工序加工而成，成品茶品质特征为：外形紧直匀细，翠绿显毫，内质香气清雅，滋味鲜醇，汤色清澈，叶底嫩匀完整。

冲泡方法

先在玻璃杯中倒入1/3的开水，然后待水温降至80℃左右时将阳羡雪芽投入杯中，稍待片刻，可轻轻摇晃以加速茶叶与水的融合，再以80℃的开水缓缓注入杯中至七分满处，待叶片舒展、汤色显现即可饮用。

品饮茶香

阳羡雪芽以汤清、芳香、味醇的特点而著名。精心炮制的茶叶经过沏泡后，香气幽雅，滋味鲜醇，回味甘甜，汤色清澈，观之赏心悦目，饮之神清气爽。

顾渚紫笋

嫩叶背卷似笋壳

名茶简介

顾渚紫笋产于浙江省湖州市长兴县水口乡顾渚山一带，因其鲜茶芽叶微紫，嫩叶背卷似笋壳，故而得名。该茶是上品贡茶中的“老前辈”，早在唐代便被茶圣陆羽论为“茶中第一”。

《茶经》有云：“阳崖阴林，紫者上，绿者次；笋者上，芽者次。”此茶自唐朝广德年间开始以龙团茶进贡，至明朝洪武八年“罢贡”，并改制条形散茶，前后历经600余年。明末清初，紫笋茶逐渐消失，直至1978年才被重新发掘出来。

极品紫笋茶叶相抱似笋；上等茶挺嫩叶稍长，形似兰花。成品色泽翠绿，银毫明显，香孕兰蕙之清，味甘醇而鲜爽；茶汤清澈明亮，叶底细嫩成朵。该茶因而有“青翠芳馨，嗅之醉人，啜之赏心”之誉。

冲泡方法

取白瓷杯一只，放入少许茶叶，然后注入85℃的开水至1/4处，将茶叶浸润半分钟，然后加满水，不加盖，静置5分钟左右，待茶汤黄亮即可饮用。

品饮茶香

顾诸紫笋外形紧洁，完整而灵秀，汤色黄亮，香气馥郁，茶味鲜醇，回味甘甜，有一种沁人心脾的优雅感觉。

金奖惠明茶

乳白淡黄兰花香

金奖惠明干茶

金奖惠明茶汤

金奖惠明叶底

名茶简介

金奖惠明茶即惠明茶，乃浙江传统名茶，全国重点名茶之一，明成化年间被列为贡品。该茶主要产自景宁畲族自治县红垦区赤木山惠明寺及际头村附近。成茶外形肥壮紧结略扁，所用鲜叶为芽头肥大、叶张幼嫩、芽长于叶的一芽一叶，叶芽稍有白毫，乳白中带淡黄，冲泡后又呈白色，人称白茶。曾获1915年巴拿马万国博览会金质奖章和一等证书。

一般年份的惠明茶含游离氨基酸2.5%~3.5%，高年份的茶达3.5%~4.5%，甜鲜味游离氨基酸占总量75%~90%，酸苦味占总量10%~25%，脂型儿茶比例高，冲泡后有兰花香味，水果甜味，还有“一杯淡，二杯鲜，三杯甘醇，四杯韵犹存”的特点，味浓持久，回味鲜醇香甜，正是高雅名茶的特色。

冲泡方法

取玻璃茶杯一只，注入烧开的70℃以上矿泉水至2/3处，后放入4克左右的惠明茶，略加摇晃，静观茶叶在水中慢慢舒展，茶汤渐渐现出淡淡的黄绿色，茶香渐渐弥漫在鼻际。可连续加水三次，每次加水后稍待2分钟，品味惠明茶每次不同的韵味。

品饮茶香

惠明茶因产于浙江惠明寺，故而颇具佛性。其独有的兰花香令人回味无穷。品一杯惠明茶，口中得其鲜爽甘醇，眼中得其清澈明绿，鼻中得其兰香果馥，心中得其佛性禅韵，刹那间如临深山古寺，世间纷扰尽去，唯余灵台清明一片。

南京雨花茶
形如松针挺且直

名茶简介

1958年，江苏省为向新中国成立十周年献礼而成立了专门委员会开始研制新品种绿茶，由中山陵茶厂牵头，延请各地制茶专家，历时近一年终于研制成功。该茶干茶外形如松针，寓意“大雪压青松，青松挺且直”的革命精神永不磨灭，并由时任南京市市长彭冲定名为“雨花茶”，以示对雨花台牺牲的革命先烈之纪念。1959年研制成功，同年雨花茶获得“全国名茶”称号。

雨花茶所用原料乃是于清明前后采摘一芽一叶初展之鲜叶。通常制成500克特级雨花茶需5万多个芽叶。雨花茶的制作分杀青、揉捻、搓条拉条和烘干等四大工序。搓拉条是雨花茶成形的关键。成品雨花茶干叶外形圆绿，如松针，带白毫，紧直；冲泡后茶色碧绿、清澈，香气清幽。品饮一杯，沁人肺腑，齿颊留芳，滋味醇厚，回味甘甜。

冲泡方法

雨花茶外形细如松针，适合用透明的玻璃杯冲泡，以观其形美。可以用中投法冲泡，水温控制在85℃以下，一边观察茶叶在水中根根竖立，一边等待茶汤渐渐地由透明变成嫩绿。

品饮茶香

雨花茶外形酷似松针，条索细紧圆直，锋苗挺秀，白毫隐露，色泽墨绿。冲泡后汤色清澈明亮，滋味鲜爽甘醇，香气清香幽雅，叶底嫩绿匀亮，给人以美的享受。

太平猴魁
苍绿匀润兰香高爽

名茶简介

太平猴魁是中国历史名茶，创制于1900年，产于安徽省黄山市北麓的黄山区（原太平县）新明、龙门、三口一带。太平猴魁的制法极其考究。茶农在清晨朦雾中上山采摘，雾退收工，一般只采到上午10时。采回鲜叶，按一芽二叶标准一朵朵进行选剔（俗称拣尖），以保证鲜叶大小整齐，老嫩一致。制作工艺分杀青、烘干两道工序。烘干又分毛烘、二烘和拖老烘等三步骤进行。制成的茶叶外形两叶抱芽，扁平挺直，自然舒展，不散、不翘、不弯曲，白毫隐伏，含而不露，有“猴魁两头尖，不散不翘不卷边”之称，又有“刀枪云集，龙飞凤舞”之说。

太平猴魁干茶

太平猴魁茶汤

太平猴魁叶底

冲泡方法

太平猴魁宽长的外形决定了其冲泡方法的独特，其独特的制作工艺又导致其比一般的绿茶耐高温。可选用细长的玻璃杯作为茶具，然后将数克太平猴魁茶根下尖上放置于杯中，然后冲入半杯90℃左右的开水，待茶叶舒展开来，继续加水至3/4处，静置数分钟后即可饮用。

品饮茶香

太平猴魁的色、香、味、形独具一格。全身披白毫，含而不露；入杯冲泡，芽叶成朵，或悬或沉，在明澈嫩绿的茶汁之中，似乎有一群小猴子在嬉闹。品其味，则幽香扑鼻，醇厚爽口，回味无穷，可体会到“头泡香高，二泡味浓，三泡四泡幽香犹存”的意境，有独特的“猴韵”。

安吉白茶
金镶碧鞘裹银箭

名茶简介

安吉白茶外形挺直略扁，形如兰蕙；色泽翠绿，白毫显露；叶芽如金镶碧鞘，内裹银箭，十分可人。此茶产自浙江省北部的安吉县，这里山川隽秀，绿水长流，是中国著名的竹子之乡。安吉白茶，为浙江名茶的后起之秀，是用绿茶加工工艺制成，属绿茶类，呈现白色，是因为其加

白茶一号

龙形安吉白茶

凤形安吉白茶

颗粒状安吉白茶

卷曲型安吉白茶

工原料采自一种嫩叶全为白色的茶树。这种茶树是一种温度敏感突变体，极为罕见。每年春季在20℃~22℃较低温条件下，新生叶片中叶绿素合成受阻，出现叶色的阶段性白化，伴随出现蛋白水解酶活性提高，使游离氨基酸含量增加。气温上升后，叶色恢复成绿色。

安吉白茶的大量出产，源于20世纪80年代对一株百岁白茶树的成功繁育。由于对温度极其敏感，安吉白茶的采摘期只有30天左右（在4月15日~5月15日）。成品茶品质特点是氨基酸含量特别高，总量可达6%以上，比一般绿茶高一倍左右。

现在各地多有引种，引种成功的有江苏溧阳、浙江宁波、贵州贵阳，以溧阳白茶为后起之秀。

冲泡方法

在透明的玻璃杯中注入80℃的开水至1/4处，然后放入适量白茶，轻轻摇香，待茶叶浸润、初步展开后，沿杯壁再次注入85℃的开水至2/3处，观察白茶在水中起舞、舒展，大约2分钟后，茶汤变得嫩绿明亮，香气四溢，即可饮用。

品饮茶香

冲泡后，散发出一股清冷如“淡竹积雪”的奇逸之香。“凤形”安吉白茶条直显芽，壮实匀整；色嫩绿，鲜活泛金边。“龙形”安吉白茶扁平光滑，挺直尖削；嫩绿显玉色，匀整。两种茶的汤色均嫩绿明亮，香气鲜嫩而持久；滋味或鲜醇、或馥郁，清润甘爽，叶白脉翠，独具一格。

红茶

红茶是以茶树的芽叶为原料，经过萎凋、揉捻（切）、发酵、干燥等工艺过程精制而成的。红茶加工时不经杀青，萎凋使鲜叶失去一部分水分，揉捻破碎细胞叶汁留出，便于氧化发酵，发酵使所含的茶多酚氧化，产生了茶黄素、茶红素等新成分。这种化合物一部分溶于水，一部分不溶于水，会留在叶片中。红茶具有红叶、红汤的外观特征，色泽明亮鲜艳，味道香甜甘醇。

红茶与健康

养生功效

1. 养胃护胃：红茶中含有丰富的蛋白质，保健效果好，可养人体阳气，生热暖腹，消食开胃，增强人体的抗寒能力。红茶经过发酵之后，茶多酚的含量大大减少，对胃的刺激性不强，不会出现喝绿茶时的胃部不适感。在红茶中加点糖或牛奶，能保护胃黏膜，消食暖胃。胃寒、胃溃疡患者不妨多饮用加糖红茶。

2. 消炎杀菌：红茶中的多酚类化合物具有消炎的效果，儿茶素类能抑制和消灭病原菌。用红茶漱口可防病毒引起的感冒。细菌性痢疾及食物中毒患者喝红茶颇有益。

3. 利尿消肿：红茶中的咖啡碱能扩张肾微血管，抑制肾小管对水的再吸收，增加尿量，有利于排除体内的乳酸、尿酸、过多的盐分、有害物等，以缓解心脏病或肾炎造成的水肿。

红茶饮用注意事项

虽然红茶不像绿茶那样具有较强的刺激性，但这并不意味着可以随意地饮用红茶，喝红茶也有一定的讲究。

1. 红茶中依然含有多酚类、醛类及醇类等物质，特别是存放时间较短的红茶，这些物质对肠胃依然有一定的刺激作用，有慢性胃肠道疾病患者不宜饮用红茶。

2. 红茶中依然含有咖啡碱、活性生物碱以及多种芳香物质，对中枢神经系统具有兴奋作用，因此仍然不宜睡前或者空腹饮用。

川红

白琳工夫

政和工夫

红碎茶

正山小种干茶

正山小种茶汤

正山小种叶底

红茶种类知多少

红茶的品级依品种、采摘部位、产区、海拔高度及季节等而有所不同，很难只凭其中某一项标准来界定品级。

1. 小种红茶：小种红茶为中国福建省特产，有正山小种和外山小种之分。正山小种产于风光秀美的福建武夷山区；而武夷山附近所产的红茶均为仿照正山品质的小种红茶，质地较为逊色，统称外山小种。正山小种条索饱满，色泽乌润，泡水后汤色鲜艳绚丽，香气绵长，滋味醇厚，具有天然的桂圆味及特有的松烟香。同时还具有独特的保健功效，长期饮用可保健养身。

2. 工夫红茶：工夫红茶又名条红茶，经过萎凋、揉捻、发酵和干燥的流程制成，是中国特产的红茶品种。因其工艺高超、制作精细、品饮讲究而得名。工夫红茶条索挺秀，紧细圆直，香气鲜浓醇香。

3. 红碎茶：红碎茶有百余年的产制历史，是国际市场上销售量最大的茶类，它是在工夫红茶加工技术的基础上，以揉切代替揉捻，或揉捻后再揉切而制成的。

中国云南、两广和海南地区是红碎茶的集中生产地。国外红碎茶的生产主要集中在印度、斯里兰卡和肯尼亚。

红碎茶干茶

红碎茶茶汤

红碎茶叶底

红茶冲泡方法

1. 茶具的选用：红茶高雅芬芳的香气以及甘醇的味道，需要合适的茶具搭配，才能烘托出它独特的风味。一般来说，工夫红茶、小种红茶、袋泡红茶、速溶红茶等大多采用杯饮法，即置茶于白瓷杯中，用沸水冲泡后饮。

2. 水温的控制：红茶最适合用沸腾的水冲泡，高温可以将红茶中的茶多酚、咖啡碱充分萃取出来。对于高档红茶，最适宜水温在95℃左右。注水时，要将水壶略抬至一定的高度，让水柱一倾而下，这样可以利用水流的冲击力将茶叶充分浸润。

3. 浸泡时间：冲茶前要有一个短短的烫壶时间，用热滚水烫洗茶具，之后再向放有茶叶的茶壶或茶杯中倾倒热水，静置等待。原则上细嫩茶叶时间长，约2分钟；中叶茶约1.5分钟；大叶茶约1分钟。这样茶汤口感才好。若是袋装红茶，所需时间更短，约40～90秒。

4.调饮法：调饮法是在泡好的茶汤中加入牛奶或糖、柠檬汁、蜂蜜、香槟酒等，以佐汤味。调饮法用的红茶，多数是用红碎茶制的袋泡茶，茶汁浸出速度快，浓度大，也易去茶渣。

适宜用量：因人而异，一般一次5克，每天可喝两次。

适宜季节：四季皆可，尤其适合冬季。

适宜人群：一般人均可，尤其适合高血压、高血脂、糖尿病、肥胖者。

饮用宜忌：晚上喝茶宜选红茶，浓度要低；经期及贫血女性、低血糖患者慎用。

祁门红茶
茶中英豪祁门香

名茶简介

“祁红特绝群芳最，清誉高香不二门”。祁门红茶，堪称中国传统工夫红茶中的极品，有百余年的生产历史。祁红工夫以外形苗秀，色有“宝光”和香气浓郁，在国内外享有盛誉。以其高香形秀而

祁门红茶干茶

祁门红茶茶汤

祁门红茶叶底

著称，博得国际市场的经久称赞。1915年曾在巴拿马万国博览会上荣获金牌奖章。创制100多年来，一直保持着优异的品质风格，蜚声中外。在红遍全球的红茶中，祁门红茶独树一帜，百年不衰，是英国女王和王室的至爱饮品，美称“群芳最”、“红茶皇后”。

祁门工夫红茶是中国传统工夫红茶的珍品，有百余年的生产历史。主产于安徽省祁门县，简称“祁红”。祁红工夫茶条索紧秀细长，色泽乌黑泛灰光，俗称“宝光”，内质香气浓郁高长，清雅隽丽，似蜜糖香味。

冲泡方法

可选用紫砂壶和白瓷杯作为茶具，用刚烧开的沸水冲烫茶壶茶杯，然后在紫砂壶中放入适量茶叶，冲入开水，静置3分钟左右，将茶汤倒入白瓷杯中，待茶温适口即可饮用。

品饮茶香

成品祁门红茶条索紧细苗秀、色泽乌润、金毫显露，冲泡后汤色红艳明亮、滋味鲜醇甘厚、香气持久。“祁门香”似花、似果、似蜜，香高、味醇、形美、色艳，位居世界三大高香红茶之首。

滇红工夫茶
金毫显露香高味浓

名茶简介

滇红工夫茶产于云南省南部与西南部的临沧、保山、凤庆、西双版纳、德宏等地。产地境内群峰起伏，昼夜温差悬殊，年降水量1 200～1 700毫米，有“晴时早晚遍地雾，阴雨成天满山云”的气候特征。其地森林茂密，落叶枯草形成深厚的腐殖层，土壤肥沃，致使茶树高大，芽壮叶肥，着生茂密白毫，即使长至5～6片叶，仍质软而嫩，尤以茶叶的多酚类化合物、生物碱等成分含量，居中国茶叶之首。

凤庆县为滇红工夫茶的发源地，当地所产的金毫滇红工夫茶选用凤庆大叶种为原料，采清明前之芽蕊，经萎凋、轻揉、发酵、毛火、足火制成毛茶，再经筛分、割末而成。干茶条紧秀丽，毫峰金黄闪烁，形状优美，茶香浓郁，汤色红浓明亮，是滇红工夫中之极品，曾以每磅500便士在伦敦市场创造当时世界茶叶最高价。该产品一直是国家外事活动和赠送外宾的礼茶。

冲泡方法

可选用白瓷杯为茶具，在杯中放入适量的红茶，然后冲入沸水，至八分满处，静置3分钟左右，待茶汤现出通红鲜亮之色时，即可饮用。

品饮茶香

高档茶需在品字上下功夫，小口慢饮，趁其温热，品其

香醇，领会红茶的真趣，获得精神的升华。如果品饮的红茶属条形茶，一般可冲泡2~3次；如果是红碎茶，通常只冲泡一次;第二次再冲泡，滋味就显得淡薄了。

正山小种干茶

正山小种茶汤

正山小种叶底

正山小种
松香醇厚干果香

名茶简介

正山小种红茶诞生于明末清初，是世界红茶的鼻祖，产于风光秀丽、环境优美的中国国家级自然保护区——福建武夷山，首创于崇安县桐木村，是中国的历史名茶，早在17世纪初就远销欧洲，并大受欢迎，曾经被当时的英格兰皇家选为皇家红茶，并因此而诱发了闻名天下的“下午茶”。

“正山”含有正统之意，“小种”指采自当地小叶茶品种。正山小种主要是用松柴熏制而成，散发出非常浓烈独特的香气。因为熏制，茶叶呈黑色，茶汤为橙红色。正山小种是全发酵茶，一般存放一两年后，松烟香会进一步转化成干果香（俗称桂圆干香），滋味也变得更加醇厚甘甜，桂圆味明显。

冲泡方法

将茶叶放入壶中，以沸水冲泡，浸泡5分钟后，把茶汤倒入白瓷茶杯中，待茶温适口即可饮用。饮前可依个人口味加入适量的糖和牛奶，调制成一杯香甜可口的牛奶红茶。

品饮茶香

正山小种干品条索肥壮、重实，茶色乌黑润泽，冲泡之后茶香馥郁高长，桂圆味明显。若加入牛奶饮用，茶香不减，甜绵爽口，别具风味。

乌龙茶（青茶）

乌龙茶亦称青茶、半发酵茶。乌龙茶是经过揉捻、萎凋、摇青、烘焙等工序制出的品质优异的茶类。乌龙茶的品质介于红茶与绿茶之间，综合了红茶和绿茶的制作方法，既保持有红茶的浓鲜味，又有绿茶的清香味，品尝后齿颊留香，回味无穷。

乌龙茶与健康

乌龙茶养生功效

乌龙茶从药性而言属中性茶，它适合于各种体质的人饮用，不论是热性体质还是寒性体质都可以饮用。

1. 日常保健：具有提神醒脑、解热防暑、利尿生津、消食去腻等功能。

2. 减肥瘦身：乌龙茶中含有大量的茶多酚物质，不仅可提高脂肪分解酶的作用，而且可促进组织中性脂肪酶的代谢活动，有效减少皮下脂肪堆积。

3. 美容护肤：长期饮用乌龙茶，可以促使皮脂量保持平衡，还可提高皮肤角质层的保水能力，保持皮肤的湿润，使皮肤有弹性。

4. 抗肿瘤：乌龙茶能抑制癌细胞的产生，并且能阻断致癌物质的生成，其中安溪铁观音的防癌效果最好。

5. 防衰老：乌龙茶中的多酚类化合物能有效地防止不饱和脂肪酸过度氧化；生物碱可间接清除自由基，从而达到延缓衰老的目的。

适宜用量：成年人一天饮用干茶6~10克即可，其他人则适当减少。

适宜人群：女性胃寒者，减肥人士，高血压、高脂血症患者可饮用偏温性的浓香型，胃热者可饮偏凉性的清香型。

适宜季节：四季皆可，冬季宜饮浓香型，夏季宜饮清香型。

乌龙茶饮用注意事项

饮用禁忌：空腹、睡前不能饮用，孕妇、消瘦、神经衰弱者不宜饮用。

乌龙茶冲泡方法

1. 茶具的选用：泡茶一般用宜兴的紫砂壶或景德镇的瓷质茶壶，这两种壶才能把乌龙茶的神韵表现得淋漓尽致。喝茶常用白瓷杯或内壁贴白瓷的紫砂杯，用这两种杯喝乌龙茶香气更浓。

2. 水温的控制：乌龙茶要求的冲泡水温是最高的。水温高，茶汁浸出率高，茶中的有效成分才能被充分浸泡出来，茶味浓，茶香易发，滋味也醇，更能品饮出乌龙茶特有的韵味。如水温偏低，茶就会显得淡而无味。但煮茶的水，沸腾的时间不可太长。

3. 冲泡要领：乌龙茶的冲泡时间由水温、茶叶老嫩和用茶量三个因素决定的。一般情况下，冲入开水2~3分钟后即可饮用。但是，下面两种情况要作特殊处理：一是如果水温较高，茶叶较嫩或用茶量较多，冲第一道可随即倒出茶汤，第二道冲泡后半分钟倾倒出来，以后每道可稍微延长数十秒。二是如果水温不高、茶叶较粗老或用茶量较少，冲泡时间可稍加延长，但是不能浸泡过久，不然汤色变暗，香气散失，有闷味。若是泡的时间太短，茶叶香味则出不来。乌龙茶较耐泡，一般可泡饮5～6次，上等乌龙茶更是号称“七泡有余香”。

大红袍
清香甘醇的茶中之王

名茶简介

大红袍是武夷岩茶的扛鼎之品。生长在武夷山脉的茶叶独领山水灵气，山间岩缝和沟壕的特别土质赋予大红袍一种坚韧、醇厚的品质。传统的烘焙方式更增添了大红袍茶特有的与木有关的炭香和火香。

大红袍干茶

传说古代有一上京赴考的举人路过武夷山时突然得病，腹痛难忍，巧遇一和尚取所藏名茶泡与他喝，病痛即止。他考中状元之后，前来致谢和尚，问及茶叶出处，得知后脱下大红袍绕茶枞三圈，将其披在茶树上，故有“大红袍”之名。

大红袍茶汤

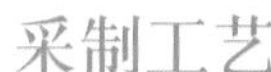

采制工艺

大红袍生长在九龙窠内的一座陡峭的岩壁上。茶树所处的岩壁上，有一条狭长的岩罅，岩顶终年有泉水自罅滴落。泉水中附有苔藓之类的有机物，因而土壤更加润泽肥沃。茶树两旁岩壁直立，日照时间短，气温变化不大，再加上平时茶农精心管理，采制加工时，挑技术最好的茶师来主持，使用的也是特制的器具，因而大红袍的成茶具有独到的品质和

大红袍叶底

特殊的药效。现在的大红袍都是原株无性繁殖的后代，原株6棵大红袍早已封园不采了。

选购要点

外形条索紧结，色泽绿褐鲜润，冲泡后汤色橙黄明亮，叶片红绿相间，典型的叶片有绿叶镶红边之美感。大红袍品质最突出之处是香气馥郁，有兰花香，香高而持久，“岩韵”明显。

品饮技巧

大红袍很耐冲泡，冲泡七八次仍有香味。品饮“大红袍”茶，必须按“工夫茶”小壶小杯、细品慢饮的程式，才能真正品尝到岩茶之巅的韵味。

冲泡方法

事先准备好茶具，可选用紫砂壶加白瓷杯的组合。先用沸水冲烫茶具，再在茶壶内放入适量茶叶，注入一定量的沸水冲润茶叶；然后再以沸水高冲注入茶壶中，泡5秒后将茶汤倒入茶杯中品用；第二泡仍以100℃的沸水冲泡，焗泡8秒后即可饮用；第三泡的焗泡时间可延长至15秒左右，以后每泡逐渐延长时间。

品饮茶香

因为大红袍的香高，在冲泡过程中，会有满室生香的效果。可在饮用前捧杯闻香，微微闭上眼睛，深呼吸。饮茶时，要把心态放平和，有欣赏、玩味之感，缓缓吸入茶汤，慢慢体味，徐徐咽下。稍静，体验喉头及下腹的感受，你会感觉到喉头下部及腹部都被花香和甘甜充盈着。

安溪铁观音
绿叶红边香高醇

安溪铁观音干茶

安溪铁观音茶汤

安溪铁观音叶底

名茶简介

安溪铁观音属青茶类，是中国著名乌龙茶之一。自古“名茶藏名山，名山出名茶”。安溪铁观音茶主要产于安溪县境内的剑斗镇、感德镇和西坪祥华等海拔较高的山区，产区多山，气候温暖，雨量充足，茶树生长茂盛，茶树品种繁多，姹紫嫣红，冠绝全国。正是那里青山绿水、景色优美的自然生态环境“造就”了铁观音的优良品质。

品质优异的安溪铁观音颗粒肥壮紧结，质重如铁，色砂绿油润，青蒂绿，红点明，花香高，甜醇厚鲜爽，具有独特的香味，回味香甜浓郁，汤色金黄，叶底肥厚柔软，艳亮均匀，叶缘红点，青心红镶边。

冲泡方法

品饮安溪铁观音一般采用钟形杯——“碗盖杯”进行“工夫”泡法。先用开水洗净茶杯，把铁观音茶放入茶杯，放茶量约占茶杯容量的一半；然后把滚开的水提高冲入茶杯，使茶叶转动；接着用杯盖轻轻刮去漂浮的白色泡沫，使其清新洁净；静置一两分钟后将茶汤倒入茶盅内品用，可边品边加水，连加数次。

品饮茶香

品质好的铁观音在制作过程中会因咖啡碱随水分蒸发而凝成一层白霜，冲泡后有天然的兰花香，滋味醇正浓郁。用小巧的工夫茶具品饮，先闻香，后尝味，会觉满口生香，回味无穷。

武夷岩茶
溪边奇茗冠天下

名茶简介

武夷岩茶产于武夷山，茶树生长在岩缝中。具有绿茶之清香，红茶之甘醇，是乌龙茶中之极品。武夷岩茶经历代变迁，种类繁多，品质各异。包括大红袍、肉桂、水仙、武夷奇种、白鸡冠、乌龙等，多随茶树产地、生态、形状或色香味特征取名。其中以“大红袍”最为名贵。武夷岩茶品质独特，它未经窨花，茶汤却有浓郁的鲜花香，饮时甘馨可口，回味无穷。18世纪传入欧洲后，备受当地群众的喜爱，曾有“百病之药”的美誉。

肉桂干茶

武夷岩茶具有得天独厚的自然条件，生长在岩壁沟壑烂石砾壤中。只有生长在福建省的武夷名枞，用独特的传统工艺加工制作而成的乌龙茶才叫武夷岩茶。武夷山坐落在福建武夷山脉北段东南麓，面积999.75平方公里，有“奇秀甲于东南”之誉。群峰相连，峡谷纵横，九曲溪萦回其间，气候温和，冬暖夏凉，雨量充沛。年降雨量2000毫米左右。地质属于典型的丹霞地貌，多悬崖绝壁，茶农利用岩凹、石隙、石缝，沿边砌筑石岸种茶，有“盆栽式”茶园之称。形成了“岩岩有茶，非岩不茶”之说，岩茶因而得名。经风化的砾壤具有丰富的矿物质供茶树吸收，不仅滋养了茶树，而且岩茶所含的矿物质微量元素也更丰富，如钾、锌、硒的含量较多。

肉桂茶汤

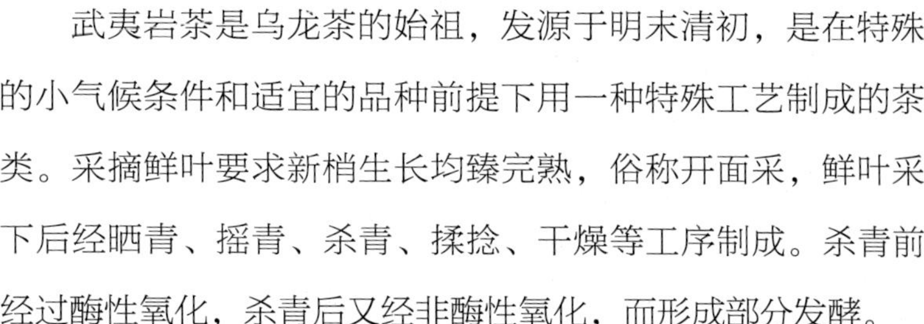

武夷岩茶是乌龙茶的始祖，发源于明末清初，是在特殊的小气候条件和适宜的品种前提下用一种特殊工艺制成的茶类。采摘鲜叶要求新梢生长均臻完熟，俗称开面采，鲜叶采下后经晒青、摇青、杀青、揉捻、干燥等工序制成。杀青前经过酶性氧化，杀青后又经非酶性氧化，而形成部分发酵。

肉桂叶底

武夷岩茶在加工过程中还多了一道特殊的工序——焙火。传统的岩茶火功高，焙好后立即饮用的话，火气未除会有燥感，所以一般要存放一段时间后再饮，这样滋味会更醇和。而且经过焙火的茶叶不但可以稳定和提高茶叶的品质，还可以存放较长时间地存放。存放时间较长的岩茶饮用时需要再焙火一次。不但不会降低品质，而且口味更加醇和丰富。

选购要点

武夷岩茶根据生长条件不同有正岩、半岩之分，正岩品质最好。正岩产于海拔高的慧苑坑、牛栏坑、大坑口和流香涧、悟源涧等地，称“三坑两涧”品质香高味醇。半岩茶又称小岩茶。产于三大坑以下海拔低的青狮岩、碧石岩、马头岩、狮子口以及九曲溪一带，略逊于正岩。而崇溪、黄柏溪，靠武夷岩两岸在砂土茶园中所产的茶叶不称岩茶，为洲茶。

岩茶茶条壮结、匀整，色泽绿褐鲜润，称为“宝色”。部分叶面呈现蛙皮状白点，俗称“蛤蟆背”。冲泡后茶汤呈深橙黄色，叶底软亮，叶缘朱红，叶中央淡绿带黄，称“绿叶镶红边”，呈三分红七分绿。品岩茶重在“岩韵”，滋味浓醇，鲜爽回甘，所谓“品具岩骨花香之胜”也。

武夷岩茶以茶汤的厚醇度决定品质高低。优质茶应具备的特点是：无明显苦涩，有质感（口中茶水感觉有黏稠度），润滑，回甘显，回味足（即“岩韵”）。以茶香为品种特征鉴定的第二因素。熟香型（足焙火）的茶以果香及奶油香为上；清香型（轻焙火）的茶以花香及蜜桃香为上；有异杂味的茶为下品。茶汤无质感，淡薄的茶为下品。苦涩味的轻重对岩茶品质的高低起决定性作用。

泡茶方法

准备乌龙茶专用茶具一套（冲泡壶宜选用90～150毫升的紫砂壶或三才杯）。需淡些则投茶量少些，为冲泡壶具容积的1/3～1/2；需浓些则投茶量多些为冲泡壶具容积的1/2～2/3。以山泉水为上，洁净的河水和纯净水为中，硬度大或氯气明显的自来水不可用。以现开现泡为宜；水温低于95℃或长时间连续烧开的水都略逊。最好配备“随手泡”。

1~3泡浸泡10~20秒，以后每加冲一泡，浸泡时间增加10~20秒。浸泡时间的调整原则为1~7泡的汤色基本一致。冲泡次数与浸泡时间有关，时间越长，次数越少。

正确的冲泡和品饮才能充分发挥出岩茶风韵和每泡茶的特征，领略茶中真谛，体会茶的无穷乐趣。

品饮茶香

品茶时先嗅其香，再试其味，并反复几次。闻香有闻干茶香、盖香、水香、杯底香、叶底香等；尝味时须将茶汤与口腔和舌头的各部位充分接触，并重复几次，细细感觉茶汤的醇厚度及各种特征，综合判断茶叶的特征和品位。

凤凰单丛干茶

凤凰单丛
黄褐油润朱砂点

名茶简介

凤凰单丛茶汤

凤凰单丛产于广东省潮州市潮安县凤凰山，又名凤凰单枞，后潮州市政府下文统一定名为“凤凰单丛”。潮安县原盛产凤凰水仙茶，凤凰单丛茶实际上是凤凰水仙群体中的优异单株的总称，因其单株采取、单株制作，故称单丛。

凤凰单丛叶底

凤凰单丛是介于红茶和绿茶之间的半发酵乌龙茶。因成茶香气、滋味有所差异，当地习惯将单丛茶按香型分为黄枝香、芝兰香、桃仁香、玉桂香、通天香等多种。其采制十分讲究。单丛茶实行分株单采，选晴天进行采摘，茶青不可太嫩也不可太老，一般为一芽二三叶。加工分晒青、做青(碰青)、杀青、揉捻、干燥等工序。凤凰单丛由于其形美、色褐、香郁、味甘，具天然优雅的花香，因而备受消费者的青睐，并在历次名优茶评比中名列前茅。

冲泡方法

可选用带滤网的玻璃茶杯，先取出滤网，放入适量的单丛茶；然后盖上滤网，用沸水冲入半杯的水量，轻轻摇晃几下，把第一水茶倒掉，既可当作洗茶，同时起到烫杯的作用；接着直接加水至八分满，盖上杯盖，一面观察茶汤颜色由浅变深，由明转暗，一面静候佳饮酿成。

品饮茶香

单丛干茶外形条索粗壮、匀整挺直、色泽黄褐、油润有光，并有朱砂红点；冲泡后清香持久，有独特的天然兰花香，滋味浓醇鲜爽，润喉回甘；汤色清澈黄亮，叶底边缘朱红，叶腹黄亮，素有“绿叶红镶边”之称。

冻顶乌龙

墨绿油润茶中圣品

冻顶乌龙干茶

冻顶乌龙茶汤

冻顶乌龙叶底

名茶简介

产自台湾省南投县鹿谷乡冻顶山，是台湾知名度极高的茶。冻顶乌龙属乌龙茶，是一种半球形包种茶。冻顶是山名，为凤凰山支脉，海拔700米，山上种茶，因雨多山高路滑，上山茶农必须绷紧脚尖（冻脚尖）才能上山顶，故而得名。

冻顶茶一般以青心乌龙等良种为原料，制成半发酵茶，发酵程度在35%～50%左右。茶青每年采摘于4～5月和11～12月间，采小开面后一心二三叶或二叶对夹，经晒青、晾青、摇青、炒青、揉捻、初烘、多次团揉、复烘、再焙等多道工序而制成。制茶过程独特之处在于：烘干后，需重复以布包成球状揉捻茶叶，使茶成半发酵半球状。

冲泡方法

冲泡冻顶茶可选用偏软的山泉水或者静置过一段时间后煮沸的自来水。茶具方面可以选择盖碗或者宜兴紫砂茶壶。冲泡前，先用开水烫杯，然后放入茶叶，注入沸水，盖上盖，静置两三分钟，待茶香四溢、茶汤呈橙红色时即可饮用。

品饮茶香

冻顶乌龙茶成品外形呈半球形弯曲状，色泽墨绿，有天然的清香气。冲泡时茶叶自然冲顶壶盖，汤色呈柳橙黄，味醇厚甘润，发散桂花清香，后韵回甘味强，饮后杯底不留残渣。

黄茶

黄茶是指将杀青和揉捻后的茶叶用纸包好，或堆积后以湿布盖之，时间以几十分钟或几个小时不等，促使茶坯在水热作用下进行非酶性的自动氧化，形成黄色。“闷黄”工序是黄茶独有的加工方法，使得黄茶具有黄汤黄叶的特色。黄茶色泽金黄光亮，最显著的特点就是“黄汤黄叶”。茶叶嫩香清锐，茶汤杏黄明净，口味甘醇鲜爽，口有回甘，收敛性弱。

黄茶分为黄芽茶、黄小茶和黄大茶三类。黄芽茶是采摘最细嫩的单芽或一芽一叶加工制成，幼芽色黄而多白毫，故名黄芽，香味鲜醇，如君山银针、蒙顶黄芽。黄小茶是采摘细嫩芽叶加工而成，一芽一叶，条索细小，著名品种有沩山毛尖、远安鹿苑等。黄大茶是中国黄茶中产量最多的一类，鲜叶采摘要求大枝大杆，一芽四五叶，长度在10～13厘米，以安徽的霍山黄大茶、广东的大叶青最为著名。

黄茶与健康

黄茶养生功效

1. 去除胃热：黄茶性微寒，所以适合胃热者饮用。黄茶是沤茶，在沤的过程中会产生大量的消化酶，对脾胃最有好

处。消化不良、食欲不振都可饮而化之。

2. 预防食道癌：黄茶中富含茶多酚、氨基酸、可溶性糖、维生素等丰富的营养物质，对防治食道癌有明显功效。

3. 消炎杀菌：黄茶鲜叶中天然物质保留有85%以上，而这些物质对杀菌、消炎均有特殊效果。

4. 消脂减肥：黄茶在沤制过程中产生的消化酶还能促进脂肪的代谢，减少脂肪的堆积，在一定程度上还能化除脂肪，是减肥的佳品。

黄茶饮用注意事项

适宜人群：胃寒者，减肥人士，高血压、高脂血症患者。

饮用宜忌：空腹、睡前不能饮用，孕妇、消瘦、神经衰弱者不宜饮用。

黄茶冲泡方法

1. 茶具的选用：最好用透明的玻璃杯，并用玻璃片作盖。用这样的杯子泡黄茶最能展现黄茶的神韵。杯子高度10～15厘米，杯口直径4～6厘米。

2. 水温的控制：黄茶经过沤制，茶中的营养成分大多已变成可溶性，一般的沸水即可使营养物质溶解，因此水温要求不是很高，70℃～75℃即可，不至于泡熟茶芽。在冲泡前，首先要把茶杯先预热，以保持合适的冲泡温度。冲泡后要加盖保温，防止温度的快速降低。

3. 冲泡要领：以君山银针为例，用开水预热茶杯，清洁茶具，并擦干杯，以避免茶芽吸水而不易竖立。用茶匙轻轻从茶罐中取出黄茶约3克，放入茶杯待泡。每克茶用开水50～60毫升。用水壶将70℃左右的开水先快后慢冲入盛茶的

杯子，至1/2处，使茶芽湿透。稍后，再冲至七八分满为止。盖上玻璃盖片。约5分钟后，去掉玻璃盖片。在水和热的作用下，可看见茶芽渐次直立，上下沉浮，并且在芽尖上有晶莹的气泡。茶姿的形态、茶芽的沉浮、气泡的发生等，都是冲泡其他茶时所罕见的。由于黄芽茶制作时几乎未曾经过揉捻，加之冲泡时水温又低，茶汁浸出不易，就得加长冲泡时间。所以，黄芽茶通常在冲泡10分钟后才开始品茶。

适宜用量：成年人一天可冲泡6～10克，宜分次冲泡，老人或儿童则适当减少。

适宜季节：四季皆可，尤其适合秋季。

霍山黄芽
嫩绿披毫似雀舌

名茶简介

霍山黄芽的生产始于唐，兴于明清。霍山黄芽长期只闻其名不见其茶，技术早已失传。1971年经研制恢复了黄芽茶的生产。传统的霍山黄芽属黄茶类，而恢复后的霍山黄芽，其生产工艺和品质更接近于绿茶，采用杀青、初烘、摊凉、复烘、摊放、足烘等工艺制成。

霍山黄芽现产于安徽省霍山县佛子岭水库上游的大化坪、姚家畈、太阳河一带，其中以大化坪的金鸡山、金山头，太阳河的金竹坪，姚家畈的乌米尖，即“三金一乌”所产的黄芽品质最佳。黄芽产区位于大别山北麓，为霍山县西南的深山区，可谓“山中山”。这一带山高林密，层峦叠嶂，泉多溪长，三河（太阳河、漫水河、石羊河）蜿蜒，二水（佛子岭水库、磨子潭水库）浩渺，年平均温度15℃，年平均降水量1 400毫升，气候非常适合优质茶树的生长。

霍山黄芽鲜叶细嫩，因山高地寒，开采期一般在谷雨前3~5天，采摘标准为一芽一叶、一芽二叶初展。黄芽要求鲜叶新鲜度好，采回鲜叶应薄摊散失表面水分，一般上午采下午制，下午采当晚制完。霍山黄芽品质特点是：外形条直微展、匀齐成朵、形似雀舌、嫩绿披毫，香气清香持久，滋味鲜醇浓厚回甘，汤色黄绿清澈明亮，叶底嫩黄明亮。

冲泡方法

建议使用纯净水和玻璃杯。由于黄茶较嫩，所以水温要控制在80℃以下，且采用中投法或者上投法；由于黄茶较耐泡，通常可以四泡，每泡时间从第一泡的1.5分钟逐渐增加到2、3、4分钟，每一泡喝掉2/3后留1/3继续添水。

君山银针干茶

品饮茶香

霍山黄芽黄嫩可人，品饮之前，当先赏茶汤，观其色、闻其香、赏其形，然后趁热品啜茶汤的滋味。黄芽形似雀舌，嫩绿披毫，清香持久，滋味鲜醇浓厚，回甘，汤色黄绿、清澈明亮。第一泡品其清香，第二泡品其浓香，第三泡品其余香，第四泡品其清淡。

君山银针茶汤

君山银针
白银盘里一青螺

君山银针叶底

名茶简介

君山银针属于黄茶，被称为“黄翎毛”。产于湖南岳阳洞庭湖中的君山，外形如针，故名君山银针。相传文成公主出嫁西藏时就曾选带了君山茶。乾隆皇帝下江南时品尝到君山银针，十分赞许，将其列为贡茶。

君山为湖南岳阳县洞庭湖中小岛。岛上土壤肥沃，多为砂质土壤，年平均温度16℃~17℃，年降雨量为1340毫米左右，相对湿度较大。春夏季湖水蒸发，云雾弥漫，岛上树木丛生，自然环境适宜茶树生长，山地遍布茶园。

君山银针以色、香、味、形俱佳而著称。银针茶在茶树刚冒出一个芽头时采摘，其成品茶芽头茁壮，长短大小均匀，内呈橙黄色，外裹一层白毫，故得雅号“金镶玉”。

君山银针茶于清明前三四天开采，以春茶首轮嫩芽制作，且须选肥壮、多毫、长25~30毫米的嫩芽，经拣选后，以大小匀齐的壮芽制作银针。制作工序分杀青、摊凉、初烘、复摊凉、初包、复烘、再包、焙干等8道工序。冲泡后，茶芽直立，像雨后春笋，继而徐徐下沉，三起三落，浑然一体，确为茶中奇观，入口则清香沁人，齿颊留芳。

冲泡方法

冲泡君山银针可选用洁净的山泉水配合带盖的玻璃茶壶。先用烧开的山泉水预热茶杯，清洁茶具，并擦干杯，防止茶芽吸水而不易竖立；然后用茶匙从茶罐中取出君山银针约3克，放入茶壶中待泡；接着向茶壶中注入70℃左右的开水，先快后慢冲入，至1/2处，浸润茶叶片刻，再继续加水至2/3处止，盖上壶盖。约5分钟后，可开盖品饮。

品饮茶香

刚冲泡的君山银针是横卧水面的，加上壶盖后，茶芽吸水下沉，芽尖产生气泡，如雀舌含珠，似春笋出土。接着，沉入壶杯底的直立茶芽在气泡的浮力作用下再次浮升，如此反复上下沉浮，妙趣自生。当开启玻璃盖片时，会有一缕白雾从杯中冉冉升起，然后缓缓消失。赏茶之后，可持杯闻香，闻香之后就可以品饮了。

北港毛尖

芽壮叶肥显毫尖

名茶简介

北港毛尖是条形黄茶的一种，产于湖南省岳阳市北港和岳阳县康王乡一带。北港毛尖以注册商标“北港”命名，唐代称“邕湖茶”，清代乾隆年间已有名气。岳阳县康王乡北港邕湖一带，是现今的北港毛尖产地。这里气候温和，雨量充沛，茶园地势平坦，水陆交错，土质肥沃，酸度适宜，是茶树的理想生长地。

北港毛尖鲜叶一般在清明后五六天开园采摘，要求一号毛尖原料为一芽二叶，二、三号毛尖为一芽二、三叶。抢晴天采，不采虫伤、紫色芽叶、鱼叶及蒂把。鲜叶随采随制，其加工方法分锅炒、锅揉、拍汗及烘干四道工序。北港毛尖的品质特征是：外形芽壮叶肥，毫尖显露，呈金黄色；内质香气清高，汤色橙黄，滋味醇厚，叶底肥嫩黄似朵。

冲泡方法

可选用白瓷杯和低硬度矿泉水。将泉水烧开后烫杯，然后放入3克左右的北港毛尖，将开水凉至90℃左右后冲入茶杯1/3处，稍待茶叶润泽舒展，继续注水至八分满处止。3分钟后，待汤色橙黄，金叶大张，香气四溢，即可饮用。

品饮茶香

北港毛尖历史悠久，文化底蕴深厚，在品饮茶香之时，可同时阅读古诗词等经典文字，则茶香与书香一味，茶叶并书页同色，在现实中品读历史，从历史中感悟现实，情景交融，妙不可言。

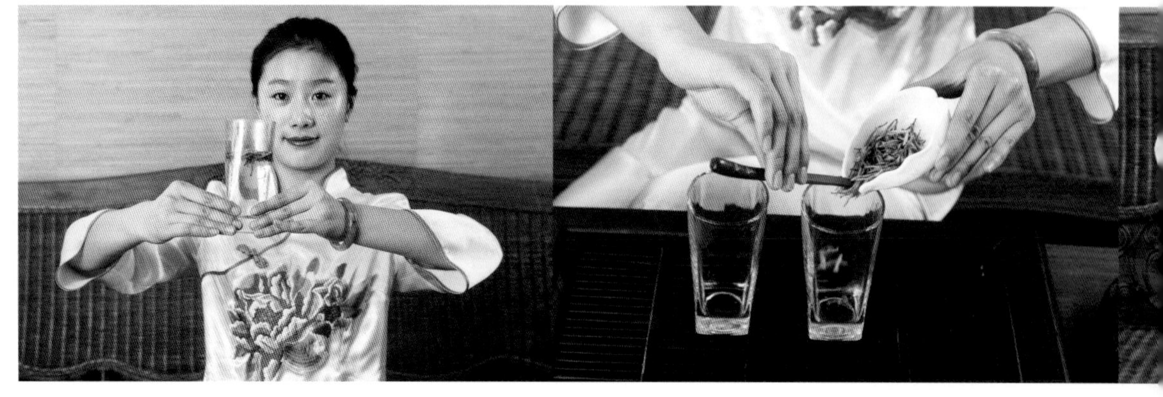

白茶

白茶是鲜叶采摘后，不炒不揉，经过晾干或晾到八成干后温火焙干加工而成的既传统又现代的茶。白茶是中国茶叶中的特殊珍品，一般地区并不常见。茶毫颜色如银似雪，汤色黄绿清澈，香气清鲜，滋味清淡回甘，令人回味无穷。白茶最显著的特点是富含氨基酸，特别是茶氨酸，不但能提高成品茶的香气和鲜爽度，还能提高人体免疫力，有利于身体健康。

白茶属于微发酵茶，是中国六大茶类的一种。白茶因茶树品种、原料鲜叶采摘的标准不同，分为芽茶和叶茶。白芽茶的典型代表当属白毫银针，产地主要集中在福建福鼎、政和两地。白芽茶具有外形芽毫完整、满身披毫、汤色黄绿清澈等品质特点。

白茶与健康

养生功效

1. 护眼养眼：白茶中含有丰富的维生素A原，它被人体吸收后，能迅速转化为维生素A，可预防夜盲症与干眼症。同时，白茶还有防辐射的作用，因此在看电视或使用电脑的时候喝一些白茶，有利于保护眼睛，缓解视疲劳。

2. 美白护肤：白茶具高效抗氧化功能，可强化肌肤抵抗力，防止外界环境对肌肤引发的不适，延缓皮肤衰老，让肌肤保持光泽。而白茶中的茶多酚能改善人体排毒功能，促进肌肤美白排毒。

3. 防暑解毒：白茶含有丰富的氨基酸，其性寒凉，具有退热祛暑解毒之功效。夏季时常啜一杯白茶水后，有利于预防中暑。

4. 降血脂：长期饮用白茶可以显著提高人体内脂酶活性，促进脂肪分解代谢，有效控制胰岛素分泌，延缓葡萄糖的吸收，分解体内血液中多余的糖分，促进血糖平衡。对糖尿病、心脑血管疾病、高血压患者都有很好的保健作用。

白茶饮用注意事项

饮用禁忌：肾虚体弱者、心率过快的心脏病人、严重便秘者、严重神经衰弱者、缺铁性贫血者不宜饮用。

白茶冲泡方法

1. 茶具的选用：冲泡白茶首选透明玻璃杯或透明玻璃盖碗。透过玻璃杯可以尽情地欣赏白茶在水中的千姿百态，品其味、闻其香、观其叶。冲泡白茶还可用白瓷盖碗。

2. 水温的控制：白茶原料细嫩，叶张较薄，所以冲泡时水温不宜太高，一般控制在90℃为宜。

3. 冲泡要领：上好的白茶冲泡时，热水不可直冲茶芽，应当沿杯（或壶）壁入冲，这样做有两个好处，既不会损伤茶芽品相，又不至于因为茶芽大量脱毫令茶汤变浊而影响汤色的美感。采用下投法，先注水1/4浸润，半分钟后加满。冲泡时采用回旋注水法，可以欣赏到茶叶在杯中上下旋转，加水量控制在约占杯子的2/3为宜。冲泡后静放5分钟。每回往外分茶汤，不可全倒空，应留汤底约1/3，这样，续过新水之后，茶汤还能沿承原来韵味。一般白茶能泡四回。

适宜用量：一般每人每天只要6克就足够，老年人更不宜太多。

适宜季节：四季皆可，尤其适合夏季。

适宜人群：胃热者可在空腹时适量饮用。

白毫银针
芽芽挺立色如银

名茶简介

白毫银针的产地主要是福建省福鼎市、政和县，创制于19世纪中后叶。产自福鼎市的白毫银针又称北路银针，茶树品种为福鼎大白茶，外形优美，芽头壮实，毫毛厚密，富有光泽，汤色碧清，呈杏黄色，香气清淡，滋味醇和。产于政和县的白毫银针又称南路银针，茶树品种为政和大白茶。外形粗壮，芽长，毫毛略薄，光泽不如北路银针，但香气清鲜，滋味浓厚。

白毫银针干茶

白毫银针简称银针，又叫白毫，素有茶中“美女”、“茶王”之美称，属于白芽茶，是白茶中的极品。用一芽一叶肥壮芽头制成，成茶遍披白毫，挺直如针，色白如银。冲泡后，香气清新，滋味甜爽，汤色浅杏黄，茶在杯中冲泡，即出现白云疑光闪，满盏浮花乳，芽芽挺立，蔚为奇观。

白毫银针茶汤

冲泡方法

取茶量3克左右，用130毫升左右的盖碗，一泡2~3分钟左右，二泡亦然，三泡后适当延长时间。先闻香，后尝味，立觉满口生香，回味无穷。白茶十分耐泡，用盖碗通常可泡十次，回甘不减、香，醇，甘甜依然。

白毫银针叶底

白牡丹

白绒成朵宛如花

白牡丹干茶

白牡丹茶汤

白牡丹叶底

名茶简介

白牡丹茶属白叶茶，因其干茶呈绿叶夹银毫状，冲泡后绿叶夹着嫩芽，宛如牡丹初绽而得名。因其绿叶夹银白色毫心，形似花朵，冲泡后绿叶托着嫩芽，香毫显，味鲜醇；汤色杏黄或橙黄清澈；叶底浅灰，叶脉微红。其性清凉，有退热降火之功效，为夏季佳饮。

白牡丹采自政和大白茶、福鼎大白茶和水仙品种茶树的鲜叶原料，要求芽白毫显，芽叶肥嫩。传统采摘大白茶品种的一芽二叶，并要求“三白”，即芽及第一、第二叶都带有白色茸毛。一般只采春茶一季，加工不经炒揉，叶态自然，成品色泽深灰绿，外观色泽似绿茶，而实际上已经过一定程度的发酵。因此香味醇和，比红茶耐泡，又无绿茶的涩感。

冲泡方法

可用玻璃杯作为茶具，以开水冲泡。

品饮茶香

白牡丹冲泡后，碧绿的叶子衬托着嫩嫩的叶芽，形状优美，好似牡丹蓓蕾初放，十分恬淡高雅。茶汤滋味清醇微甜，毫香鲜嫩持久，汤色杏黄明亮，叶底嫩匀完整，叶脉微红，布于绿叶之中，有“红装素裹”之誉。

黑茶

黑茶经杀青、揉捻、初晒、复炒、复揉、渥堆、晒干等工序制成。黑茶一般原料较粗老，加之制作过程中往往堆积发酵时间较长，因而叶色呈油黑或黑褐色。黑茶汤色近于深红，叶底匀展乌亮。

黑茶与健康

养生功效

1. 降脂减肥：黑茶能防止脂肪堆积，最适合减腹部脂肪，刚泡好的浓茶减肥效果更好。想要达到减肥效果，每天应保持一定的饮茶量，长期坚持。

2. 消食去腻：黑茶中的咖啡碱能提高胃液的分泌量，从而增进食欲，帮助消化。黑茶中的咖啡碱、维生素、氨基酸、磷脂等有助于人体消化，调节脂肪代谢，具有很强的解油腻功效。爱食肉的少数民族地区特别喜欢喝黑茶。

3. 预防心血管疾病：黑茶具有良好的降解脂肪、抗血凝、促纤维蛋白原溶解、抑制血小板聚集的作用，还能使血

管壁松弛，增加血管有效直径，从而抑制主动脉及冠状动脉内壁粥样硬化斑块的形成，达到降血压、软化血管、防治心血管疾病的目的。

4. 抗衰益寿：黑茶中含有丰富的抗氧化物质。黑茶中的儿茶素、茶黄素、茶氨酸和茶多糖、类黄酮等都具有清除自由基的功能，因而具有抗氧化、延缓细胞衰老的作用，经常饮用可以延缓衰老，延年益寿。

适宜用量：黑茶口味重，一般人一天10克以内为宜，减肥的人可略多一些。

适宜季节：四季皆可，尤其适合冬季。

适宜人群：肥胖、高血压、高血脂、高胆固醇患者。

黑茶饮用注意事项

饮用禁忌：营养不良、消化道溃疡、孕产妇、贫血者不宜饮用。

黑茶冲泡方法

1. 茶具的选用：黑茶的茶具选用不太讲究，一般的紫砂壶或紫砂杯即可，也可用如意杯或飘逸杯冲泡。如意杯是泡黑茶的专用杯，它可以实现茶水分离，更好地泡出黑茶。黑茶也可用茶壶煮着喝。黑茶冲泡过滤后倒入玻璃杯饮用，则汤色十分漂亮。

2. 水温的控制：制作黑茶的茶叶比较老，而且经过长时间的发酵，有黑茶制成茶砖的形式，因此想要把黑茶中的营养成分冲泡出来，要求水温较高，一般要控制在100℃。砖茶要在火上连续煮着喝才能品出味道来。

3. 冲泡要领：将大约15克黑茶投入杯中，散茶直接放入，砖茶、饼茶由于是紧压茶，要先把成块的茶叶打碎后再放入茶杯。按1：40左右的茶、水比例用沸水冲泡。泡黑茶时不要搅拌茶叶，这样会使茶水混浊。黑茶极耐泡，可随时添加开水。由于黑茶口味较重，有的人不太适应，可以在茶汤中添加牛奶、蜂蜜、白糖、红糖等，根据个人爱好调制饮用。

普洱茶
滋味醇厚贵在陈

名茶简介

普洱茶的主产区位于云南省南部澜沧江流域，因集散于旧时的普洱府（今普洱市），故称“普洱茶”。该地具有终年雨水充足、云雾弥漫、土层深厚、土地肥沃、无污染等优势，所产茶叶是纯绿色茶饮。

普洱茶通常分为散茶和紧茶两大类。普洱散茶是用云南大叶种之鲜叶，经杀青、揉捻、晒干的晒青毛茶，再经渥堆、发酵、筛制、分级的商品茶，外形条索肥硕，色泽褐红。普洱紧茶是由普洱散茶经蒸压塑型而成，外形端正、匀整，松紧适度。

普洱茶最讲究冲泡技巧和品饮艺术，其饮用方法异常丰富，既可清饮，也可伴饮。清饮是指不添加任何辅料来冲泡，多见于大陆地区；伴饮是指于茶中随意添加自己喜欢的辅料，多见于香港、台湾等地，如香港人喜欢在普洱茶中加入菊花、枸杞、西洋参等养生食材。

熟普洱干茶

熟普洱茶汤

熟普洱叶底

冲泡方法

普洱茶十分耐泡，用盖碗或紫砂壶冲泡陈年普洱茶，最多可以泡10次，其味与汤色会随着泡的次数增加慢慢减淡。为了饮用方便，建议使用带滤网的茶具，比如用带滤网的玻璃茶壶或茶杯配上白瓷杯。先在茶壶中放入10克左右的普洱茶，注入刚烧开的水，以没过茶叶为准，浸泡20秒；然后将一泡的茶汤倒掉，重新注入沸水，浸泡一会儿，然后将橙红色的茶汤倒入白瓷杯中，边闻香边品啜。

品饮茶香

普洱茶性温味和，耐贮藏，适于烹用或泡饮，男女老少皆宜，不仅可解渴、提神，还具有醒酒清热、消食化积、益胃生津、抑菌降脂、减肥降压等药理作用。配上菊花冲泡，更增清香之气，且赏心悦目，十分怡情。

六堡茶
浓香醇厚中国红

六堡茶干茶

六堡茶茶汤

六堡茶叶底

名茶简介

六堡茶产于广西梧州，盛于清代，新中国成立后逐渐没落。近年来，随着当地政府的大力扶持，六堡茶重获新生，逐渐发展成知名的黑茶品牌。

六堡茶为灌木型中叶种，树势开展，分枝密，以芽色分有四种，即青苗茶（占60%）、紫芽茶（占20%）、大白叶茶（占5%）、米碎茶（占15%），以青苗茶产量最高，品质也最好。

六堡茶的制作流程分为采摘、初制、复制、精制、晾置陈化、包装等主要步骤。采摘时间一般从3月至11月，取一芽一叶至一芽三四叶及同等嫩度对夹叶。采摘的鲜叶经过杀青—初揉—堆闷—复揉—干燥等工序制成毛茶，再对毛茶进行筛选—拼配—渥堆—汽蒸—压制成型—陈化，最终制成成品。其中，陈化时间不少于180天。

冲泡方法

可以用沸水冲泡的方法冲泡六堡茶，也可以用水煮法。将六堡茶放在瓦锅中，加入山泉水，明火煮沸后，凉温饮用，则倍感味甘醇香，有提神、益脾消滞、生津解暑的功效。

品饮茶香

优质六堡茶外形条索紧结、色泽黑褐，有光泽；冲泡后汤色红浓明亮，香气纯陈，滋味浓醇甘爽，带槟榔香味，叶底呈红褐或黑褐色，具有“红、浓、醇、陈”的特点。

康砖
色泽棕褐香气醇正

名茶简介

康砖为藏族地区特有的黑茶品种，其毛茶以四川省雅安地区、乐山地区为主产区。集中于雅安地区压造，宜宾、重庆等地也少量压造。康砖创制于11世纪前后（1074年），主要运销西藏、青海和四川甘孜藏族自治州。康砖茶每块净重0.5公斤，圆角枕形，大小规格为17厘米×9厘米×6厘米。康砖的品质特点是：茶砖色泽棕褐，茶汤香气醇正，滋味醇和，色泽红浓，叶底花杂较粗。目前，“康砖”商标为四川省雅安茶厂有限公司所有。

与康砖类似的一种藏族茶饮叫金尖。金尖和康砖均是深受藏族人民喜爱的畅销品。这两个品牌制作的五大工序和三十二道工艺大体一样，只是在配料的选择上叶和红苔的比例不同。这就形成了品茶时口感略微不同。一般说来，金尖

配比的红苔和茶梗要大于康砖。所以在口感上更浓，茶味厚重，藏茶的冲力更大一些。康砖中茶叶比例较高，口感醇和一些。拉萨、山南地区居民喜欢喝康砖，日喀则地区居民喜欢喝金尖。

冲泡方法

康砖不同于一般的茶叶，普通的冲泡法无法使茶汁有效浸出，需要用水煮法。藏族同胞习惯于将康砖茶调制成酥油茶饮用，具体做法是：先将茶砖捣碎，放在锅内煮沸，滤出茶汁，倒入先放有酥油和食盐的打茶桶内，再用一个特制的搅拌工具插入茶桶，不断搅拌，使茶汁、酥油、盐混合成白色浆汁，然后倾入茶碗，就可饮用。

品饮茶香

康砖茶汤香气醇正，滋味醇和，色泽红浓，单纯煮着喝可以体味黑茶之浓郁香醇，配上酥油等材料制成酥油茶后品饮，更能体味藏边风情。

湖北青砖茶
表里不一陈为贵

名茶简介

青砖茶属黑茶类，因茶砖表面颜色青黑，而称为青砖茶，系采用鄂南老青茶原料加工而成，其产地主要在湖北省咸宁地区的蒲圻、成宁、通山、崇阳等县，已有200多年的历史，产品主要销往国内西北少数民族地区以及蒙古、格鲁吉亚、俄罗斯、英国等国家。

用以压制青砖茶的老青茶分面茶与里茶两种，面茶较精细，里茶较粗放。面茶是鲜叶经杀青、初揉、初晒、复炒、复揉、渥堆、晒干而制成的。里茶是鲜叶经杀青、揉捻、渥

堆、晒干而制成的。青砖茶加工较为复杂，其压制分洒面、二面和里茶三个部分。以一二级老青茶为面茶，里茶原料成熟度较高，含梗多，这样加工出来的青砖茶洒面平整光滑。常见的青砖茶有2千克/片、1.7千克/片、900克/片和380克/片等四种规格。

冲泡方法

青砖茶既可泡饮也可煮饮，需将茶砖敲碎，然后放入茶壶中泡上10分钟后饮用；或者放进特制的水壶中加水煎煮5分钟左右亦可饮用，且煮饮口味更佳。

品饮茶香

青砖茶外形为长方砖形，色泽青褐，香气醇正，滋味醇浓无青气，水色红黄尚明，叶底暗黑粗老。茶汤浓香可口，具有清心提神、生津止渴、暖人御寒、化滞利胃、杀菌收敛、治疗腹泻等功效，陈砖茶效果更好。

花茶

传统意义上的花茶是由精制的茶坯和具有浓郁香气的鲜花窨制而成的。茉莉花、玫瑰花、珠兰花、百合花、桂花等都可作为花茶的原料。质量上乘的花茶需要由当天采摘的成熟花朵制成。由于烘青茶的吸附力强，所以茶坯一般采用烘青绿茶，也可以选用红茶和乌龙茶。市面上流行的花草茶则是以各种花草（如玫瑰花、洋甘菊、薰衣草等）为原料，制作成具有芳香味道的草本饮料，是不含茶叶成分的。花茶花香袭人，汤色明亮，叶底细嫩，最适宜清饮，或者加入适量蜂蜜，以保持其特有的清香。不同的花草配制成的茶营养成分不同，具有不同的保健功效。

花茶与健康

花茶养生功效

花茶根据制作原料的不同，其养生功效也各不相同。有的花茶具有提神醒脑的功效，有的花茶有助于心血管系统的健康，有的花茶可以美容减肥，还有的花茶可以降火祛热。而且，日常饮用时还可以将几种花茶放在一起冲泡，养生保健作用更加全面。

花茶冲泡方法

花茶的茶水比例一般在1：40～1：60，优质的茶叶用量可以少些，中低档茶用量要增多，以保证香气和口感。冲泡花茶时，注入沸水后一定要加盖，以免茶香散逸。热气集中在杯内，加速花香的释放，闷泡时间为3～5分钟。花茶的冲泡次数以2～3次为宜，一开茶饮后，留汤1/3时续加沸水，为之二开。如是饮三开，茶味已淡，香气流失，不再续饮。

品茶赏茶：花茶吸附了鲜花的芬芳香气，以馥郁的花香为贵，品茶时重在闻香。闷泡之后，打开杯盖，随着热腾腾的水雾，浓烈的花香混合了茶香，立时扑面而来，茶味与花香巧妙融合，相得益彰。

适宜季节：四季皆可，春季是饮花茶最好的时机，下午喝花茶效果好。

适宜人群：想要减肥、美容的人士，脑力劳动者。

饮用宜忌：不同花茶有不同特性，不可以任意混合搭配，以免产生副作用。怀孕、脾胃虚弱的人慎喝花茶。

茉莉花茶
茶引花色花引茶香

名茶简介

茉莉花茶，又叫茉莉香片，是将茶叶和茉莉鲜花进行拼和、窨制，使茶叶吸收花香而成的。茶香与茉莉花香交互融合，“窨得茉莉无上味，列作人间第一香”。茉莉花茶使用的茶叶称茶胚，多数以绿茶为多，少数也有红茶和乌龙茶。

茉莉花茶因产地不同，其制作工艺与品质也不尽相同，各具特色，其中最为著名的产地有福建福州，浙江金华，江苏苏州，四川成都，安徽歙县、黄山，广西横县，重庆等地。代表茶品有：龙团珠、政和银针、金华茉莉、苏萌毫、四川花茶。

选购茉莉花也有技巧：一是看外形。一般上等茉莉花茶所选用茶胚嫩度较好，以嫩芽者为佳，低档茶叶则以叶为主，几乎无嫩芽或根本无芽。二是闻气味。好的花茶，其茶叶之中散发出的香气应浓而不冲、香而持久，清香扑鼻，闻之无丝毫异味。三是尝味道。汤色澄明、香气浓郁、口感柔和、不苦不涩、没有异味者为最佳。

福建茉莉花茶

环形茉莉花茶

金华茉莉花茶

龙井茉莉花

龙团珠茉莉花茶

螺形茉莉花茶

银针茉莉花茶

冲泡方法

普通的茉莉花茶，如银毫、特级、一级等，宜选用瓷盖碗茶杯，水温宜高，接近100℃为佳，通常茶与水的比例为1：50，每泡冲泡时间为3～5分钟。特种茉莉花茶的冲泡，宜用玻璃杯，水温80℃～90℃为宜，以便于保留茶叶的营养，并观察其外形的美妙。

品饮茶香

茉莉花茶香气宜人，汤色黄亮，外形美妙，营养丰富，既适合饮用保健，也适合观赏。喝茶之前，先闻其远胜普通茶叶的暖暖的幽香，无疑是一种别样的享受。呷一小口茶汤，任其在舌间来回流动，吸其香气，品其滋味，慢享半日静好时光。

桂花茶
馥郁芬芳别具一格

名茶简介

桂花茶以广西桂林、湖北咸宁、四川成都、重庆等地产制最盛。广西桂林的桂花烘青、福建安溪的桂花乌龙、重庆北碚的桂花红茶均以桂花的馥郁芬芳衬托茶的醇厚滋味而别具一格，成为茶中之珍品，深受国内外消费者的青睐。

桂花茶味辛，性温，香味清新迷人，具有止咳化痰、养阴润肺之功效，可解除口干舌燥、胀气、肠胃不适等症状。经常饮用，对于口臭、视物不明、荨麻疹、十二指肠溃疡、胃寒胃疼有预防治疗功效，并可滋润皮肤。

选购桂花茶时，可从以下几个方面入手：一是色泽要鲜明。如果桂花茶的颜色灰暗或分辨不出色彩，最好不要购买。二是形态要完整。碎的桂花茶虽然对香气和味道没有太大影响，但冲泡时的观赏性会大打折扣。三是气味要芳香怡人，没有异味。四是干燥程度。正常情况下的茶叶应该是干燥易碎的，如果手感绵软，说明已受潮，不宜购买。五是看生产日期。超过一年或者临近保质期的花茶，其香气损失较大，不宜购买。

冲泡方法

桂花茶的冲泡方法很多，总的来说，既可以水煮，也可以开水冲泡。在具体的冲泡过程中，可以将桂花茶与其他的花草茶或中药材搭配使用，保健效果更佳。在茶具选择方面，白瓷杯或者透明玻璃杯都是不错的选择。

品饮茶香

桂花茶香气浓郁，胜过茉莉花茶，不必刻意靠近，便可闻其香。桂花形态紧致优美，小巧可人，与翠绿的茶叶同杯，更加美丽动人。泡一杯美丽芬芳的桂花茶，观其花黄叶绿，品其香浓汤醇，如在初春时节，赏金秋美景，别有一番风味。

第三章 茶膳

皓齿留有余香味，以茶入膳妙无边

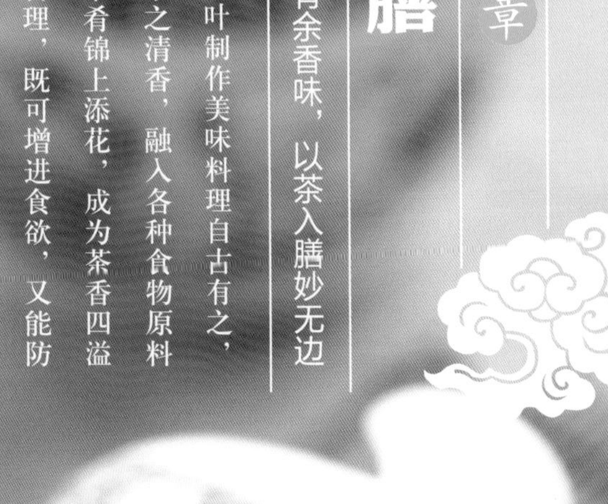

用茶叶制作美味料理自古有之，茶膳取茶之清香，融入各种食物原料中，为菜肴锦上添花，成为茶香四溢的美味料理，既可增进食欲，又能防病保健。

茶何以为膳

茶叶营养所以为膳

茶叶之所以成为膳食，是由于茶叶可食，有营养，能保健治病，并且能同各种食物组合提高其营养和保健功能。中国食疗已有3 000多年的悠久历史，茶疗历史则更长。在这漫长的时间里，人们不断地总结了通过饮食所达到的疗效，确定了食疗理论和经验，发展和创立了“药膳”、“茶膳”、“花膳”等不同特点的膳食。正如唐代名医孙思邈在《备急千金方》中所说，“安生之本，必资于食，不知食宜者，不足以存身也。”饮食是维持生命的物质基础和人体代谢的能量来源。食物通过机体的消化、吸收和代谢，来影响整个机体的功能，不同的食物则产生不同功效。汉代《金匮要略》中就说，“所食之味，有与病相宜，有与身为害，若得宜则益体，害则成疾。”用食物来补虚损，恢复元气，以抵御疾病的侵袭，维护健康，这就是食疗药膳、茶膳所要达到的目的。

现代营养学认为，人体是由蛋白质、糖、脂肪、维生素、无机盐、水以及微量元素的生物性物质所组成的有生命

茶宴

茶宴最早是爱好饮茶的文人士大夫用茶来宴请宾客的，与酒宴相对应。在古代的诗文中，茶宴也被称为“茶会”、“汤社”或“茗社”。茶宴的形式多种多样，有以茶代酒，有庆贺新茶，有禅林品茶，有宫廷宴茶等。茶宴的发展经历了俭朴、奢华到淡泊的过程。随着茶风的盛行以及冲泡茶的出现，茶宴受到了影响。然而，茶食却得到了传承和发展。在当代都市茶馆中，茶食品种多而精美，颇具特色。

和有思维活动的物体。这就要求人们必须从食物中摄取人体所必需的各种营养，才能维持其生命的活动，而茶叶中这些成分都有。合理的营养可以增进健康，营养失调则可引起疾病。为了发扬古义，开拓茶膳新路，将食疗的精华和现代营养学理论以及菜点的风味特色融为一体，营养学家创造出抗衰老、健脑、美容和防癌等系列的茶膳，它不仅具有通补的广泛性，同时又具有药效而无特殊药味并保持菜点风味的美味佳肴，更符合人们的心理需求。

多种形式的茶膳

中国是茶叶原产地，也是发现和利用茶叶最早的国家。从吃茶树鲜叶，到煮粥，到加辅料，到成为食品，一直到今天独树一帜的膳食——茶膳，经历了几千年。

茶膳是将茶作为食品、菜肴、小点和饮料的制法和食用方法的总和，是食文化与茶文化紧密融合发展的结晶，是颇具特色的中餐。

茶膳具有多种形式。一是早膳茶：可供应热饮和冷饮，如红茶、绿茶、乌龙茶、花茶、八宝茶、茶粥、茶面、茶奶、茶包、茶饺、茶蛋糕、茶饼干、炸茶元宵等。二是茶快餐和套餐：可供茶面、茶饺、茶包、茶蛋玉屑等。汤可选一碗茶汤、一杯茶、一盒茶饮料。三是家常茶菜、茶饭：如熏茶笋、茗香排骨、松针枣、春芽龙须、鸡丝面等。四是特色茶宴：如婚礼茶宴、生辰茶宴、毕业茶宴、庆功茶宴、春茶宴等。五是茶膳自助餐：可供应冷热菜80多种，茶饮、汤品40多种，茶冰淇淋多种，还可自制茶香沙拉、茶酒等。不管是哪种形式，茶膳总的分类不外乎茶叶食品、茶叶菜肴、茶叶小点、茶汤茶粥和茶叶酒水五大类。

中国茶膳分类

分类		主要品种
茶主食		茶面、茶饺、茶饭、雨花麻饼、碧螺春卷等
茶叶菜肴		龙井炒虾仁、茗香排骨、碧螺戏虾、茗香醉蝎等
茶点冷盘		茗缘贡菜、茶香沙拉、茶鸡玉屑等
茶点		茶叶饼干、茶叶奶粉、茶乳精、抹茶饴糖、红茶羊羹、玉叶淇淋、茶元宵等
茶汤粥	汤	竹笋瓜片汤、绿茶番茄汤、桃溪浮翠、龙井捶虾汤等
	粥	红茶紫玉粥、糯米绿茶粥、乌龙戏珠粥等
茶酒水	酒类	红茶酒、乌龙茶酒、红茶鸡尾酒、绿茶酒、龙井茶酒等
	饮料	统一乌龙茶水、茶可乐、各种速溶茶等

茶膳的保健作用

茶膳之所以发展迅速，受到广大消费者的欢迎就是因为茶膳不但满足人体的基本物质要求，而且能保健治病。特别是在工业高度发展的今天，人们体力劳动减少，营养过剩，环境严重污染，使人体健康受到危害。为了减轻这些危害，大家都在寻找一种既能保证人体需要的营养，又不能是高脂肪使人发胖的食品，同时又对环境起到保护作用。茶膳是满足这些要求的最好答案。

茶膳的保健作用主要有两个方面：一是茶叶的营养；二是茶叶的疗效。当然，茶膳中还有其他配料，这些配料都有一定的营养和疗效，属于食品学的内容，在此只介绍茶叶在茶膳中的保健作用。

茶叶营养作用主要是其中含有对人体有益的维生素和微量元素，其医疗作用主要是茶叶中的一些成分能祛病解痛。茶叶长期以来被视为集多种功能的中药和食品。作为饮料是近代的事。茶叶在其4 000年的历史中，就有3 000多年主要作为药用和食品。茶叶的药用在中国很多古书上有记载。如《神农本草》中记载：“荼（茶）味苦，饮之使人益思，少卧，轻身明目。”华佗《食论》中记载：“苦茶久食益思。”顾元庆的《茶谱》记载：“人饮真茶，能止渴，消食祛痰，少睡利尿，明目益思，去烦去腻，人固不可一日无茶。”许次纾的《茶疏》记载：“茶之功效，远在参术之上，故得则安，不得则病。”中国唐代的项况研究了茶叶的功效加上他自己的饮茶体会，在他的《茶赋》中有这样的总结：“滋饭蔬之精素，攻肉食之膻腻，发当暑之清吟，涤通宵之昏寐。”

现代医学家也对茶叶的营养价值和医疗作用作了很多论述。如福建医学院教授、中国著名的老中医盛国荣在他所著的《茶与健康》一书中写道：“喝较好的茶除生津止渴外，有促进身体抵抗疾病的能力和提高工作效率的作用。一般说来，红茶（全发酵）性偏温，有助消化止泻治痢之效；武夷茶（半发酵）有提神止泻利水之功；绿茶（不发酵）清热解渴，亦有消炎利尿作用。”老年人的体质偏于阴虚内热，而茶叶为清热之品，服之自宜。雨前茶对老年人最为适宜，雨前茶甘寒无毒，香味鲜醇，“得先春之气，寒而不烈，消而不峻”。由于具有上述特点，故“虽益心神，而无助烦之弊，清六经火，而无伤胃之害。因此，素来有规律适量饮茶，不少虚热疾病就会消失于品茗谈笑之中”。杭州中医院副院长、主任医师盛循卿说：“茶叶又是一种极好的防暑降温饮料，古人曾谓：茶治伤暑。”熟茶不但能降低皮肤温度，而且还给以清凉舒适醒神悦目之感。

茶入冷盘

你可能不会将茶叶和凉菜联系在一起，然而，茶叶的清香与食物原本的香味结合在一起，是无比美味的创意。茶入凉菜一般选择细嫩芽叶的成茶，泡发后与食材拌在一起，或者直接将泡好的茶叶挂上面糊油炸，或者将茶叶磨成粉直接入菜……如果你知道这种美味既能勾起你的食欲，又能给你带来健康，你会动手尝试吗？

茶马相伴（拌）

材料：马兰头200克，香干2块，雨花茶5克，盐、味精、麻油各适量。

做法：1.沸水冲泡茶叶，沥去汁，取茶叶待用。2.马兰头洗净以沸水略烫，捞起后拌入茶叶切碎。3.香干洗净，切丁。4.三种碎丁与调料拌匀，用圆柱形容器盛放或用手揉成随意形状即可。

特点：此菜菜名出自古代“茶马交易”的经济文化交流现象，意在发展茶文化。菜肴茶香菜美，叶绿素含量极高，马兰头清火败毒，异香爽口，是下酒好菜。在春天的时候吃这道菜，能很好地预防流感，防止春季上火。

蛋白质	23.3克	磷	336.6毫克
脂肪	8克	铁	23毫克
碳水化合物	11.4克	维生素C	2毫克
膳食纤维	2.1克	维生素E	1毫克
热量	853千焦	茶多酚	100毫克
钙	318.3毫克		

茶香沙拉

材料：胡萝卜、莴笋、雪花梨各100克，碧螺春茶3克，蛋清型沙拉酱、松子仁、盐各适量。

做法：1.胡萝卜、莴笋、雪花梨洗净，切宽8毫米的丁，置纯白盘中备用。2.在玻璃杯中注入七成80℃左右的热水，将去掉杂梗、杂叶的碧螺春放入杯中，茶叶舒展开即倒掉茶汤，留茶叶剁碎备用。3.临上菜前，用沙拉酱拌菜即可。

特点：这款菜红、绿、白三色相间，色彩丰富，在沙拉酱上点缀上卷曲的碧螺春，更是体现了一种优雅的气质。

蛋白质	1.2克
脂肪	1.6克
碳水化合物	20.3克
膳食纤维	2.5克
钙	40.8毫克
磷	71.7毫克
铁	1.3毫克
胡萝卜素	1.4毫克
维生素C	28.2毫克
维生素E	0.6毫克
茶多酚	60毫克

茗缘贡菜

材料：水发贡菜150克，黄山毛峰茶5克，盐、味精各适量。

做法：1.开水泡发茶叶，迅速捞出备用。2.贡菜切成3厘米长，温水发泡。发至脆感较好时，与茶叶及调料拌匀即可。

特点：本菜颜色翠绿，香脆爽口，非常适合佐酒食用。

蛋白质	2.9克
脂肪	0.2克
膳食纤维	2.5克
热量	46千焦
钙	30毫克
磷	71.6毫克
铁	4.7毫克
维生素C	3毫克
维生素E	1毫克
茶多酚	100毫克

茶卤肉

材料：五花肉1 000克，信阳毛尖茶15克，大料、花椒、盐、料酒各适量。

做法：1.将五花肉洗净，放入盛凉水的高压锅内。2.茶叶用纱布包好，投入锅内，并加入大料、花椒、盐和料酒。3.盖好锅盖，用大火烧至限气阀鸣响，改用小火煮30分钟。

特点：本菜色泽红亮，清香爽口，茶香味较浓，下酒佐餐均宜，为茶膳冷盘菜。

主要营养保健成分	
蛋白质	100.1克
脂肪	598克
碳水化合物	14.2克
热量	2 424千焦
钙	108.7毫克
磷	1 038.6毫克
铁	16.2毫克
膳食纤维	2.2克
维生素C	6毫克
维生素E	3毫克
茶多酚	300毫克

炸雀舌

材料：芽头肥壮的黄山毛峰茶10克，鸡蛋1个，盐、味精、水、淀粉各适量。

做法：1.将茶叶置杯中，用开水润发，留茶叶备用。2.将鸡蛋与调料调匀，给发好的茶叶均匀上浆，先后入火炸两次方可。

特点：本菜色泽金黄，香脆适口，回甘味足，为茶膳冷盘菜。

主要营养保健成分	
蛋白质	35.7克
脂肪	9克
碳水化合物	79克
膳食纤维	2克
热量	1 919千焦
钙	178.6毫克
磷	300.1毫克
铁	7.3毫克
维生素C	4毫克
维生素E	2毫克
茶多酚	200毫克

滇红烤墨鱼

材料：云南红茶5克，新鲜墨鱼2条，姜片、料酒、糖、味精、盐各适量。

做法：1.云南红茶用研钵磨成粉，墨鱼洗净。2.将红茶粉与各味调料配好，连同墨鱼一起放入锅内，微火煮1～2小时。3.熟后摊凉，切成条状装盘，浇些原汁即可。

特点：本菜松软可口，有弹性，闽南风味，是佐酒佳肴。

蛋白质	27.7克
脂肪	1.4克
碳水化合物	4.5克
热量	535千焦
钙	38.3毫克
磷	309.6毫克
铁	1.9毫克
膳食纤维	0.7克
茶多酚	100毫克

绿毫沙拉

材料：雨前绿毫3克，土豆3个，鱼子酱5克，胡萝卜少许，草莓、红绿樱桃数枚，盐适量。

做法：1.雨前绿毫用研钵磨成茶粉。土豆、胡萝卜煮熟去皮，压成泥状。2.将土豆泥、胡萝卜泥、鱼子酱、茶粉拌匀，略放点盐，再拌匀置入盘中，点缀上红绿樱桃和草莓，放凉即可。

特点：本菜在淡绿色的土豆泥上点缀了红绿樱桃，色彩俏丽，口感软绵，入口即化。

蛋白质	5.6克
脂肪	1.2克
碳水化合物	34.2克
热量	644千焦
膳食纤维	1.2克
钙	31毫克
磷	133.8毫克
铁	2.8毫克
维生素C	37.2毫克
维生素E	0.6毫克
茶多酚	60毫克

茶多酚 ·············· 200毫克
维生素E ················ 2毫克

白雪乌龙

材料：嫩豆腐1块，乌龙茶5克，松花蛋1~2枚，榨菜10克，盐、香油各适量。

做法：1.嫩豆腐切片，装入盘中。2.乌龙茶用微火熏烤，再用研钵磨成粉。过筛，细末留用。3.松花蛋切成丁。榨菜切碎。4.嫩豆腐排于盘子内，将茶粉、盐撒上。榨菜、松花蛋铺在豆腐上，浇上香油即可。

特点：下酒菜肴，清爽嫩滑。

主要营养保健成分

蛋白质 ······················ 39克
脂肪 ························ 24.3克
碳水化合物 ················ 6克
热量 ·············· 1 831千焦
膳食纤维 ················ 1.2克
钙 ················ 628.5毫克
磷 ···················· 719毫克
铁 ························ 6毫克

祁糖红藕

材料：祁门红茶20克，藕1 000克，糯米200克，冰糖250克，砂糖100克。

做法：1.祁门红茶取汁。2.糯米淘净，藕取较直的部分，切去一头。3.糯米、砂糖拌均匀，灌入藕孔，拍实。4.藕段入锅，以水淹没上火，煮至开锅，改小火煮3～4小时，放入茶叶、冰糖，再煮2～3小时。5.取出藕段待凉，切片，入盘，浇汁。

特点：藕茶相染，色气双馥，咬口弹性，甜而不腻；红茶养胃、莲藕富含营养，相得益彰，为小吃、佐酒之佳品。

主要营养保健成分

蛋白质 ·················· 38.2克
脂肪 ······················ 4.5克
膳食纤维 ·············· 2.96克
碳水化合物 ············ 627克
热量 ············· 6 855千焦
钙 ··················· 550毫克
磷 ················ 548.7毫克
铁 ·················· 33.9毫克
茶多酚 ·············· 978毫克
维生素E ············ 1.1毫克

花丛鱼影

材料：安徽大别山小兰花茶叶10克，新鲜太湖银鱼100克，植物油、盐（或绵白糖）、淀粉各适量。

做法：1.兰花茶用沸水冲泡，去其汁1～2次，沥干待用。2.银鱼用淀粉及盐少量拌和、抓匀。3.锅内倒入植物油，烧至四成热，放入银鱼烹炸，至色微黄即起锅，仔细堆置于盘中央。4.兰花茶叶入油锅轻炸，至色变墨绿起锅，略撒盐（或绵白糖）少许，拌匀后入盘围边即可。

特点：1.银鱼为湖鲜极品，色形俱佳，兰花茶为安徽名茶，产自无污染的山区，茶质醇正，鱼茶相配，滋味清香鲜美，营养丰富，相得益彰。2.兰花茶炒制少揉捻，芽叶整齐，观感好，炸制后入口酥脆，香气馥郁；银鱼辅以粉浆炸制，形态完整，入口外脆里软，鱼如雪，茶如墨，有强烈的视觉美感，以“花丛鱼影”夺诗情画意，赏玩品尝，意味无穷。

蛋白质	15克	维生素C	52.5毫克
脂肪	8.1克	维生素A	160毫克
热量	514千焦	B族维生素	0.8毫克
钙	21毫克	茶多酚	1 064毫克
磷	245毫克	膳食纤维	1 560毫克
铁	0.3毫克		

茶入热菜

茶叶入菜，或作为材料，或作为调料，都将给菜品赋予更多的意义。这不仅仅是饱腹这么简单，是你对茶叶的无比热爱和对美食的无限追求，更是你对品质生活的向往。

荷香蛙鸣

材料：100克左右牛蛙2只，鸡蛋1枚，荷叶1片，肉末50克，茉莉龙珠茶3克，盐、味精、姜、葱、料酒各适量，洋葱、菜心、香菜、樱桃各少许。

做法：1.龙珠茶用沸水冲泡至浓，取其二开汁水，调入盐、味精、姜、葱、料酒等调料。2.牛蛙去内脏，按肢体改刀成原状，浸泡于茶汁等调料中待用。3.盘内垫荷叶，打入完整鸡蛋。4.肉末以茶汁等调料拌和，铺设于盘中围边。5.将浸泡的牛蛙取出以原型入盘，上锅，急火蒸15分钟。6.出锅后，以洋葱、菜心、香菜、樱桃等点缀成莲荷草果繁茂状即可。

特点：荷上卧蛙，月（鸡蛋）映其中，蕴“荷塘月色”意味，赏心悦目。铺设荷叶清香于外，浸泡茶汁清香于内，牛蛙嫩滑爽口，色、香、味、形均含文韵，为观赏菜肴。

成分	含量
蛋白质	38.5克
脂肪	26.6克
热量	1 321千焦
钙	47.5毫克
磷	221.6毫克
铁	2.2毫克
维生素C	8毫克
茶多酚	180毫克
膳食纤维	531毫克

银针献宝

材料：新鲜鲍鱼2个，君山银针茶5克，盐、味精、姜、葱、料酒各适量。

做法：1.鲍鱼剖开，切片，入盐（稍咸之量）、味精、姜、葱、料酒等抓调后，入锅。2.鲍鱼起锅前，沸水冲泡银针茶于透明玻璃杯，倒扣于平盘中央（先以盘紧密盖住杯口，再整体倒过来），使杯口与盘以空气压差吸附，茶会不外溢，茶叶成悬浮状。3.鲍鱼起锅，围绕茶杯铺于盘中，将浸泡过的茶叶洒在其中。

特点：此菜肴意趣为先，菜盘中初泡之银针茶悬浮于倒扣之杯，上下起落，恍若水中精灵之舞，为餐桌平添动感情趣，此为观赏之妙；而鲍鱼略咸的口感，俟食者察觉，主人再略将茶杯掀起，溢出少许清香茶汁释之，化咸为鲜，鲍鱼之绝鲜，始得真味，此为品尝之妙。

蛋白质	21.4克
脂肪	7.4克
热量	635千焦
钙	36毫克
磷	261毫克
铁	2.5毫克
维生素C	4毫克
B族维生素	0.4毫克
茶多酚	532毫克
膳食纤维	760毫克

寿眉戏三菇

材料：干香菇、鲜菇、花菇各150克，南山寿眉茶5克，植物油、盐、味精、水淀粉、葱花各适量。

做法：1.寿眉茶冲泡后，取汁，留叶。2.香菇、鲜菇、花菇洗净后切片。3.锅内倒入少量植物油烧热，将三菇同时入锅，调味精、盐少许，略炒，调入茶汁，至小沸，用水淀粉勾芡，起锅，将茶叶和葱花塞在上面，即可。

特点：三菇滑嫩，茶气浓郁，素而肥沃，富含营养，且菜名讨喜，很受老人、女士欢迎。

蛋白质	160.2克
脂肪	6.3克
碳水化合物	104克
热量	4 646千焦
膳食纤维	31.1克
钙	466.3毫克
磷	738.5毫克
铁	144.7毫克
茶多酚	530毫克
维生素C	10毫克
维生素E	0.93毫克

观音送子

材料：松子仁、豌豆各20克，花生仁、瓜子仁各10克，玉米仁100克（以上材料合称五仁），铁观音茶叶5克，植物油、盐、味精各适量。

做法：1.铁观音茶叶沸水冲泡，取二开汁适量。2.锅内倒热植物油烧热，五仁入锅，调适量盐、味精，放入茶汁与茶叶，猛火急炒，茶汁被五仁基本吸收后起锅。

特点：色彩斑斓亮丽，视觉效果极佳，与“观音送子”之名协配，有喜人悦客之效。以匙勺舀食，味美爽口。

蛋白质	16.5克
脂肪	20克
碳水化合物	79克
膳食纤维	2克
热量	2 419千焦
钙	60毫克
维生素E	0.13毫克

毛峰蒸鱼

材料：黄山毛峰茶5克，400克鲫鱼或武昌鱼1条，料酒、葱花、姜、盐各适量。

做法：1.沸水冲泡茶叶，沥去汁，取茶叶待用。2.将鱼切片，入盘，撒适量茶叶、料酒、葱花、姜、盐于鱼身。3.上笼锅蒸20分钟即可。

特点：茶叶清香浸渗入鱼，去腥提鲜，别具滋味，是饮酒佳肴。

主要营养保健成分

成分	含量
蛋白质	53.7克
脂肪	4.4克
碳水化合物	2.1克
热量	1 037千焦
钙	232.3毫克
磷	821.5毫克
铁	10.7毫克
维生素C	7.5毫克
维生素E	0.5毫克
茶多酚	532毫克
膳食纤维	780毫克

红茶鸡丁

材料：红条茶3克，童子鸡脯肉300克，红干辣椒30克，植物油、水淀粉、盐各适量。

做法：1.沸水冲泡茶叶，沥去汁，取茶叶待用。2.红干辣椒洗净，切菱形片。3.鸡脯肉切丁，用少量水淀粉、盐腌制一下。4.锅内倒入植物油，油温至50℃左右，鸡丁入锅过油至熟取出，将茶叶与干辣椒入锅煸炒，再将熟鸡丁入锅，与茶叶、干辣椒拌匀。

特点：此菜以红火取胜，红茶、红椒色浓味重，菜形清朗，暖意融融，是一道开胃助兴的“风景菜”。

主要营养保健成分

成分	含量
蛋白质	65.8克
脂肪	7.5克
碳水化合物	4.8克
热量	496.6千焦
钙	36.6毫克
磷	582毫克
铁	4.74毫克
维生素C	55.5毫克
维生素E	2.75毫克
膳食纤维	840毫克
茶多酚	577毫克

龙井虾仁

材料：鲜河虾500克，新龙井茶5克，蛋清半只，料酒、盐、味精、水淀粉、植物油各适量。

做法：1.取河虾，去壳挤出虾肉。将虾肉放入小竹箩里，洗几遍，再放进碗内，加盐和蛋清，用筷子搅拌至起黏，加水淀粉、味精搅拌匀。净置1小时，浸渍入味。2.茶叶置透明玻璃杯中，用沸水冲开，即滗出茶水，茶叶、茶水分置备用。3.炒锅烧热，先下少量油滑一下锅，放虾仁再下植物油500克，至油四成热时，即端锅，倒漏勺中沥油。再将虾仁倒入锅中，再将茶叶、水淀粉入锅，烹入料酒，放入火上颠翻，炒熟入盘。

特点：虾仁白嫩，茶叶碧绿，清香味美。相传乾隆皇帝爱吃此菜。

成分	含量
蛋白质	103克
脂肪	3.5克
碳水化合物	1克
热量	1 881千焦
钙	19.5毫克
磷	84.5毫克
铁	1.2毫克
维生素C	7.8毫克
茶多酚	1 165毫克
膳食纤维	780毫克

雨花芙蓉虾

材料：雨花茶5克，鲜河虾200克，植物油、味精、盐、鸡蛋清各适量。

做法：1.沸水冲泡茶叶，取嫩芽及少许茶汁，待用。2.河虾剥为虾球，浸入蛋清及调料。3.锅内倒入植物油烧热，虾球裹沾蛋清入锅烹炸至七成熟，起锅沥油后，再随茶汁入锅，入料酒，稍烹，即可起锅食用。

特点：菜形圆润，色泽素洁，嫩滑爽口，茶香缠绕，老少皆喜食。

成分	含量
蛋白质	41.2克
脂肪	1.5克
碳水化合物	1克
热量	786千焦
钙	86.2克
磷	309.5毫克
铁	0.8毫克
维生素C	7.8毫克
茶多酚	1 165毫克
膳食纤维	780毫克

翠螺炖生敲

材料：新鲜鳝鱼350克，翠螺茶5克，土豆200克，盐、姜、蒜瓣、料酒、糖、酱油、植物油各适量。

做法：1.沸水冲泡茶叶，取汁待用。2.鳝鱼活杀，去骨、头尾、内脏，以6厘米为度切片。3.土豆去皮，滚刀切块，置入砂锅，上火炖至七成熟。4.锅内倒植物油烧热，烹炸鳝片至八成熟起锅，铺于砂锅土豆之上，放入调料，倾入茶汁，小炖10分钟，即可。

特点：此菜宜烫热食用，鳝片酥软，土豆块绵润，均有浓郁茶香扑鼻，口感极佳。

成分	含量
蛋白质	71.4克
脂肪	3.7克
碳水化合物	34.2克
热量	1 858千焦
钙	164.7毫克
磷	683毫克
铁	2.1毫克
膳食纤维	1 060毫克
维生素C	0.73毫克
茶多酚	635毫克

乌龙炝虾

材料：新鲜河虾250克，乌龙茶5克，白酒25克，葱、蒜、香菜、酱油、盐各适量。

做法：1.沸水冲泡茶叶，取茶汁与其他调料拌和，置入有盖器皿。2.活虾洗净，倾入器皿。3.浇入白酒，覆盖，稍作晃动使其均匀。

特点：此菜以活虾上桌，鲜活夺人，待虾停止跳动即可食用，滋味鲜美，茶味浓醇。

成分	含量
蛋白质	51.5克
脂肪	1.75克
碳水化合物	0.3克
热量	941千焦
钙	89毫克
磷	375毫克
铁	0.91毫克
膳食纤维	1 155毫克
茶多酚	1 160毫克

翠螺蒜香骨

材料：翠螺茶叶3～5克，猪排骨10厘米长左右10根，蒜泥、料酒、葱花、盐、淀粉、植物油各适量。

做法：1.沸水冲泡茶叶，取汁，茶叶切碎丝。2.茶汁调拌蒜泥、料酒、葱花、盐、淀粉等成糊状。3.浸猪排骨于调料，腌制约3小时后，拌入茶叶丝。4.锅内倒入植物油，油温至40℃～50℃，猪排骨入锅浸炸，至断血，取出，稍摊凉，再入锅热油烹炸，至深黄色，起锅，围边。

特点：茶香、蒜香合成异香，闻之大开食欲，调料诸味深切入骨，食之爱不释手，老幼皆宜。

主要营养保健成分

成分	含量
蛋白质	70.8克
脂肪	31.5克
碳水化合物	3克
热量	2 420千焦
钙	344毫克
磷	32.7毫克
铁	4.6毫克
维生素C	2.5毫克
维生素E	0.8毫克
茶多酚	530毫克
膳食纤维	850毫克

兰花茭白

材料：安徽兰花茶5克，新鲜茭白200克，白豆腐干50克，味精、盐、植物油各适量。

做法：1.沸水冲泡茶叶，取嫩芽及少许茶汁，待用。2.茭白切段，白豆腐干切片。3.锅内倒入少许植物油烧热，茭白、茶叶、白豆腐干同时入锅，猛火急炒，放入茶汁、调料，稍烹，即可起锅食用。

特点：此菜为江南土菜，色泽素洁，茶芽、茭白及白豆腐干入口之间，齿颊留香。

成分	含量
蛋白质	19.5克
脂肪	3.5克
碳水化合物	22.4克
热量	405千焦
膳食纤维	2.9克
钙	118毫克
磷	123.5毫克
铁	3.2毫克
维生素C	36毫克
维生素E	0.5毫克
茶多酚	1 000毫克

怡红快绿

材料：青、红椒各50克，鸡脯肉150克，红茶10克，蛋清、淀粉、盐、味精、植物油各适量，清汤少许。

做法：1.将鸡脯切成丁，用蛋清、淀粉抓匀，将青红椒去子洗净切成丁待用。2.锅内倒油烧热，将鸡丁放入滑散，随即放入青红椒，出锅滗净。3.锅放回火上，放油少许，将茶叶入锅爆香，放鸡丁、椒丁，加盐、味精、少许清汤、水淀粉，炒匀出锅即成。

特点：此菜色彩艳丽，可使人联想起《红楼梦》中那些活泼欢快的姑娘。

成分	含量
蛋白质	36.8克
脂肪	2.2克
碳水化合物	8.2克
热量	719千焦
膳食纤维	2.2克
钙	290.3毫克
磷	819毫克
铁	54.6毫克
维生素C	8.9毫克
维生素E	0.6毫克
茶多酚	1 900毫克

樟茶鸭

材料：半成品鸭1只（用樟木、茶叶等熏制，可购买），甜面酱、干黄酱、鸡精、香油、葱花、姜粉、植物油各适量。

做法：1.锅内倒少许植物油，放入葱花炒出香味，倒入碗中，放入其他调料中，调好酱料备用。2.鸭过油、炸匀，至橙黄色出锅，切块，码齐于盘中；酱料与鸭同上。

特点：清香宜人，酥嫩适口，油而不腻，风味独特。相传慈禧皇太后喜食此菜。

成分	含量
蛋白质	82.5克
脂肪	58克
碳水化合物	8克
热量	3 365千焦
钙	335毫克
磷	1 050毫克
铁	16毫克
维生素C	3.6毫克
维生素E	0.5毫克
茶多酚	1 000毫克

金鸡报晓

材料：嫩鸡1只，六安瓜片茶叶15克，葱段、姜片、酱油、盐、料酒、红糖、花椒、米饭锅巴、香油各适量。

做法：1.将鸡宰杀，洗净沥干水，鸡身扒开，皮向下放在碗里，上放葱段、姜片加料酒、酱油，上笼蒸至八成烂取出，拣出葱姜。2.将锅巴捣碎放入锅中，撒上茶叶、红糖，上放铁箅子，将鸡皮向上摆在箅子上，用中火熏至刚闻到茶叶香味时，换大火再熏到浓烟四起时，将锅端离火口，取出鸡，淋上香油，先剁下鸡头、翅，再剁成1寸见方的块，按原鸡形装盘即可。

特点：鸡色金黄悦目，肉质鲜美，有茶叶的香味。

成分	含量
蛋白质	174.1克
脂肪	15.3克
碳水化合物	9.3克
热量	2 784千焦
钙	114.7毫克
磷	1 168.6毫克
铁	11.2毫克

吉祥观音

材料：鸡或鸭1只，铁观音茶50克，葱段、姜片、黑枣、栗子、冰糖、酱油、盐各适量。

做法：1.铁观音茶用开水冲泡2次，取末次茶汤放锅内。2.鸡或鸭切成块放入锅内。3.栗子去壳待用。4.黑枣洗净，与栗子、冰糖、酱油一起放入锅内，再放入10人份煮饭水量，水烧开后小炖熟即可。

特点：本品冬日加勾芡，夏日用清汤，起锅时可撒些茶末增加香气。

成分	含量
蛋白质	180.4克
脂肪	15.7克
碳水化合物	26.3克
热量	2 788千焦
膳食纤维	14.3克
钙	59.7毫克
磷	265毫克
铁	9毫克
硒	6.9毫克
茶多酚	1 680毫克

一品鲥鱼

材料：鲥鱼半条，新毛峰茶叶15克，葱末、姜末、醋、米饭锅巴、盐、香油各适量。

做法：1.将鲥鱼去鳃、内脏、黑膜，用水洗净，撒上盐，同时放上葱姜末腌30分钟左右。2.取铁锅1只，先放入锅巴，再放茶叶，上面放只铁箅子，把腌过的鲥鱼切成1寸半长、2分宽的长条块摆在箅子上，盖上锅盖，用大火熏3分钟左右取出，按鱼形摆在盘内，淋上香油即成，吃时配上熏醋和姜末各1小碟。

特点：油亮发光，肉质细嫩鲜美，有茶香。

成分	含量
蛋白质	89.6克
脂肪	84.9克
碳水化合物	6.5克
热量	4 598千焦
钙	233.7毫克
磷	1 108.6毫克
铁	12.6毫克

清蒸龙井鳜鱼

材料：鳜鱼1条750克，龙井茶15克，冬笋片、冬菇、火腿、料酒、盐、味精、姜片、葱段各适量，清汤50克。

做法：1.将干龙井茶叶放鱼腹内添匀。2.将鱼身剞成花刀，笋片、冬菇、火腿放入刀口内，鱼置盘中，下盐、味精、清汤，上锅蒸熟即可。

注：亦可在鱼汤中加入少许茶水，增强茶香。

成分	含量
蛋白质	129.8克
脂肪	38.7克
碳水化合物	6.5克
膳食纤维	2.34克
热量	3 605千焦
钙	135.5毫克
磷	1 338.5毫克
铁	14.1毫克
维生素C	30毫克
维生素E	1.44毫克
茶多酚	1 590毫克

香炸云雾

材料：虾仁125克，云雾茶尖10克，松子仁5克，蛋清6个，料酒、味精、盐、淀粉各适量，猪油750克。

做法：1.将虾仁斩成茸，放入碗中，加入料酒、味精、盐、淀粉，搅匀成虾糊。2.将云雾茶放入碗中，用开水浸泡2分钟，取出沥干。3.将蛋清打均，取1/4与茶尖、虾糊搅匀，再将余下的蛋清及斩成茸头的松子仁一起放入，搅成糊状。4.将锅放在中火上烧热，放熟猪油，烧至两成热离火，用汤匙将云雾虾糊一匙匙舀入锅内，待成玉白色时，逐个轻轻翻身，氽约1分钟，用漏勺捞出，将锅移回火眼，待油温至四成热时再将云雾茶团倒入锅内氽片刻（不能发黄），用漏勺捞出装盘，盘边放番茄酱供蘸食。

特点：酥脆可口，茶香宜人。

成分	含量
蛋白质	57.2克
脂肪	124.1克
碳水化合物	3.35克
膳食纤维	1.9克
热量	2 080千焦
钙	172.2毫克
磷	682.5毫克
铁	5.6毫克
维生素C	10毫克
维生素E	0.5毫克
茶多酚	1 060毫克

香雾酥肉

材料：猪五花肉1 000克，云雾茶10克，小葱段、姜、酱油、醋、精卤、大料、小茴香、花椒、米饭锅巴、红糖、肉清汤、麻油各适量。

做法：1.选四方形五花肉1块，用铁叉平着叉入瘦肉中间，在炉火上烤焦，到皮起泡时取下，放在淘米水中，浸泡15分钟，刮尽焦皮层，用水洗净。2.将肉放在锅中，加入清汤，用大火烧开，撇去浮沫，将大料、小茴香、花椒装入小布袋中扎上口，与盐、葱、姜一起拍松，放到锅内，换小火烧至用筷子能穿过肉时，捞出待用。3.用

铁锅1只，放入捣碎的锅巴，同茶叶、红糖拌和在一起，上面放1个铁丝箅子，把肉放在箅子上（皮朝上），盖好锅盖，放在大火上，待锅里冒出浓烟，熏出香味时，离火焖至烟散光，把肉取出，先切成同样大的4块，每块再切成3毫米厚的片，整齐地摆在盘中，浇上酱油、醋、麻油即成。

特点：此菜皮色略黄，光亮中泛微红，具有浓郁的茶香，酥烂适口，肥而不腻，因熏烟缭绕似云雾，故名。

主要营养保健成分

成分	含量
蛋白质	95克
脂肪	598克
碳水化合物	9克
热量	24 244千焦
钙	92.5毫克
磷	129.1毫克
铁	15.4毫克

爆乌花

材料：鲜乌鱼肉500克，龙井茶10克，玉兰片25克，木耳、青豆各5克，植物油、香菜、葱末、姜末、蒜末、白糖、味精、胡椒粉、料酒、水淀粉各适量。

做法：1.乌鱼肉剞成荔枝花边刀块，放于水中氽一下，沥净水待用。2.龙井茶用适量沸水冲泡，略泡片刻倒掉第一遍水，再用沸水泡好待用。3.将茶汁加入料酒、白糖、味精、水淀粉调成碗汁。4.将锅放置大火上，放入植物油，烧至六成热时，放入葱、姜、蒜末炸香后放入乌鱼花，随即放入玉兰片、木耳、青豆、香菜，倒入碗汁，翻炒几下，出勺装盘后，撒入胡椒粉即成。

主要营养保健成分

成分	含量
蛋白质	107.5克
脂肪	12.5克
碳水化合物	3.5克
膳食纤维	1.6克
热量	2 320千焦
钙	87.5毫克
磷	104.1毫克
铁	7.5毫克
维生素C	1.9毫克
维生素E	1毫克
茶多酚	1 664毫克

茶杞炒蛋

材料：鸡蛋3只，松针茶（或龙井茶）3克，枸杞子、料酒、盐、味精、植物油各适量。

做法：1.枸杞子用酒泡发。2.茶叶第2泡后将水控干，与鸡蛋和调料搅拌在一起。3.锅置大火上，倒入植物油烧至八成热，倒入鸡蛋液翻炒，菜熟后将发好的枸杞子撒在上面即可。

成分	含量
蛋白质	27.5克
脂肪	21.7克
碳水化合物	3克
热量	158千焦
钙	118.6毫克
磷	398.4毫克
铁	5.5毫克
维生素C	0.57毫克
维生素E	0.3毫克
膳食纤维	0.5毫克
茶多酚	319毫克

乌龙烧大排

材料：猪排骨2斤，乌龙茶15克，姜块、葱、丁香、桂皮、大料、糖、醋、料酒、植物油、生抽、盐各适量。

做法：1.猪排骨洗净，切成块。2.用500克半开水焖泡5克乌龙茶。3.铁锅入油烧热，炸大料，出香味后将排骨放入锅中翻炒，然后加料酒、葱、姜、生抽、茶叶水一并入锅。4.将待用的10克茶、丁香、桂皮用纱布包好置锅内，大火烧开后加盖，用小火烧，熟透即可起锅食用。

特点：茶香浓郁，色泽明亮，口感独特。

成分	含量
蛋白质	236克
脂肪	108.4克
碳水化合物	16.2克
膳食纤维	3.5克
热量	8 067千焦
钙	842毫克
磷	90毫克
铁	51.6毫克
硒	2毫克
茶多酚	1 200毫克
维生素E	2.5毫克

冻顶炸茄盒

材料：茄子2条，冻顶乌龙茶10克，鸡蛋1个，盐、糖、面粉、植物油各适量。

做法：1.茄子洗净，斜切段，在每段中间轻划一刀，但不要切断，泡入水中。2.以沸水焖泡茶叶。然后，茶叶留下备用（茶水可另行品饮）。3.蛋打散，加面粉、糖、盐和适量的水拌匀，调至适当的浓度。4.每段茄子的中间依喜好酌量加入茶叶。5.热油锅，把茄子裹上面粉，再放入锅中炸至金黄色捞起盛盘即可。

成分	含量
蛋白质	16克
脂肪	7.4克
碳水化合物	7.2克
热量	440.6千焦
膳食纤维	2.9克
钙	119.7毫克
磷	217.3毫克
铁	2.5毫克
维生素C	3毫克
维生素E	1.7毫克
茶多酚	800毫克

茶肉子椒

材料：青椒3个，文山包种茶10克，猪肉末300克，盐、酱油、料酒、植物油各适量。

做法：1.用研钵把文山包种茶磨成粉末，与猪肉末、调味料搅拌均匀成馅。2.青椒洗净，切瓣去籽。3.把馅塞入青椒内。4.锅内放植物油少许烧热，将青椒放入锅中用小火慢烤，至微焦，加少许水再以蒸的方式焖熟即可食用。

成分	含量
蛋白质	34.5克
脂肪	181克
碳水化合物	21.7克
膳食纤维	5.5克
热量	7 712千焦
钙	96.4毫克
磷	474毫克
铁	10.5毫克
胡萝卜素	1.2毫克
维生素C	450毫克
维生素E	0.2毫克
茶多酚	800毫克

茶香四季豆

材料：四季豆200克，碧螺春茶10克，虾仁250克，料酒、盐、淀粉、胡椒、植物油各适量。

做法：1.虾仁加酒、盐腌15分钟，沥干汁液，加淀粉拌匀。2.四季豆去筋，切段，放入沸水氽烫即捞出，碧螺春茶用沸水泡开，沥干。3.热锅后，放植物油加热，放入虾仁，炒至变色即取出。4.锅内放植物油加热，炒碧螺春和四季豆，再倒入虾仁拌炒，加盐、胡椒炒熟后，即可盛盘。

成分	含量
蛋白质	60.7克
脂肪	2.2克
碳水化合物	15.2克
热量	3 749千焦
膳食纤维	4.4克
钙	378.5毫克
磷	173毫克
铁	3.2毫克
维生素C	27.9毫克
维生素E	1毫克
茶多酚	1 046毫克

乌龙炸河虾

材料：河虾300克，铁观音茶10克，蒜瓣、盐、胡椒、植物油各适量。

做法：1.虾洗净，沥干水分，蒜拍碎。2.植物油倒入锅，加热至高温，放入虾与茶叶，炸至变色即捞出。3.加入蒜末、盐、胡椒拌匀炒熟，即可趁热进食。

成分	含量
蛋白质	64.1克
脂肪	2.1克
碳水化合物	4.8克
热量	1 129千焦
膳食纤维	2.3克
钙	146.6毫克
磷	475.1毫克
维生素E	1.7毫克
茶多酚	800毫克

红茶鸡片

材料：鸡脯肉200克，红茶10克，青椒1个，胡萝卜80克，盐、淀粉、料酒、植物油各适量。

做法：1.鸡脯肉切片，加盐、酒腌10分钟，加淀粉拌匀。2.青椒切小片，胡萝卜切片。3.热锅后，放入植物油加热，把鸡脯肉炒至变色后，先行取出。4.用剩余的油把红茶爆香，倒入青椒、胡萝卜拌炒，重新倒入鸡脯肉拌炒，加盐调味即可。

成分	含量
蛋白质	45.9克
脂肪	3.1克
碳水化合物	11.8克
膳食纤维	1.6克
热量	1 091千焦
钙	352毫克
磷	2 060毫克
铁	45.6毫克
维生素C	101毫克
茶多酚	1 470毫克

茶香豆腐

材料：豆腐2块，奶香翠玉茶10克，猪肉末100克，葱、酱油、白糖、料酒各适量。

做法：1.豆腐切片，葱切段，茶泡开切碎。2.热锅后，放入植物油加热，把豆腐煎成两面金黄，取出盛盘。3.锅内倒入植物油，把葱爆香，加肉末、茶叶拌炒。4.倒入酱油、糖、酒煮入味后，淋在豆腐上即可。

成分	含量
蛋白质	87.6克
脂肪	95.3克
碳水化合物	27.6克
膳食纤维	3.1克
钙	2 770毫克
磷	716毫克
铁	32毫克
胡萝卜素	1.2毫克
维生素C	16毫克
维生素E	1毫克
茶多酚	1 064毫克

红茶熏鸭

材料：鸭1只，红茶20克，红糖、五香粉、酱油、砂糖、盐及料酒各适量。

做法：1.鸭先洗净，用开水烫过后，捞起备用。2.将五香粉、酱油、砂糖、盐及酒加水，与鸭一起煮至八成熟，备用。3.将茶叶及红糖混合后置于烤肉架上，再将鸭以小火熏至金黄色即可。

成分	含量
蛋白质	170.6克
脂肪	75克
碳水化合物	13.9克
热量	5 584千焦
钙	75.6毫克
铁	5.6毫克
磷	78毫克

茶烧牛肉

材料：牛肉1千克，白毫乌龙茶15克，笋或白萝卜250克，酱油、姜丝各适量。

做法：1.牛肉切成块，烫水后，捞起备用。2.将茶叶泡开，捞出茶渣，茶汤备用。3.牛肉、茶汤、笋及调味品同时放入锅内煮，水开后改用小火，炖烂即可。

成分	含量
蛋白质	2 005.6克
脂肪	102.2克
碳水化合物	16.8克
膳食纤维	4.7克
热量	10 325千焦
钙	255毫克
铁	14.5毫克
磷	1 847.6毫克
维生素C	90毫克
茶多酚	1 200毫克

龙井汆鲍鱼

材料：鲍鱼250克，龙井茶叶15克，味精、料酒、盐各适量，清汤1 000克。

做法：1.将鲍鱼片成薄片，放入碗内。2.茶用开水润发，然后倒掉茶水，茶叶备用。3.锅放火上，添入清汤，加入味精、料酒、盐，烧开后冲人鲍鱼碗内。上菜时把发好的茶叶撒入碗里拌匀即可。

特点：鲍鱼鲜嫩，汤汁微黄、清香、爽口。

成分	含量
蛋白质	53.5克
脂肪	18.5克
热量	1 588千焦
碳水化合物	5.2克
膳食纤维	2.3克
钙	98.7毫克
磷	593.6毫克
铁	7.2毫克
维生素C	2.3毫克
茶多酚	1 590毫克

绣球鱼翅

材料：水发散鱼翅500克，铁观音茶叶5克，生鸡脯肉200克，火腿25克，干贝15克，料酒、盐、白糖、胡椒粉、鸡油、水淀粉、花生油、葱、姜各适量。

做法：1.用开水泡发茶叶，留茶汤备用。2.将水发鱼翅洗净，摆放在蒸笼上，放入清水锅内，加料酒、姜，上火汆煮（换水2～3次）。然后放入鸡汤，将鸡肉、火腿用开水煮透，捞出洗净血沫，放在豆包布上，干贝去老筋，一起放入布内，包严包好，放入鱼翅锅内，烧开，撇净沫，放料酒、葱、姜改用小火炖3～4小时，提出鱼翅箅子，将鱼翅控干水分。3.将鸡肉去筋皮，用刀背砸成细泥，葱、姜拍碎，拌匀。将鸡茸划开，放盐、胡椒面，搅拌上劲，挤成丸子，放在振干的鱼翅上，团成球，上笼蒸5分钟取出，摆盘中。4.将火腿去老筋，与干贝、茶汤一起上火烧开，再放盐、白糖、胡椒粉，收汁尝味，用水淀粉勾芡，淋上鸡油，浇在鱼翅上即成。

特点：汁浓味鲜，鱼翅糯烂。

成分	含量
蛋白质	407.8克
脂肪	105.2克
碳水化合物	4.2克
膳食纤维	2.3克
热量	8 724千焦
钙	768.6毫克
磷	3 864毫克
铁	87.8毫克
维生素E	1.7毫克
茶多酚	800毫克

鲍鱼护碧螺

材料：鲜鲍鱼500克，碧螺春茶叶15克，豆苗、清汤各500克，盐、料酒、味精、胡椒粉各适量。

做法：1.鲍鱼开盒，连汁倒入碗中，撕掉花边，片成1毫米厚的薄片，仍用原汁泡上。2.茶叶用开水泡发，去掉头遍水不用，再冲入水稍泡一会，取50毫升的茶水入鲍鱼碗。3.锅内放清汤，加入鲍片、盐、胡椒粉、料酒、味精调好味烧开。4.豆苗沸水焯后垫入碗底，盛入煮好的汤即可。

特点：色泽鲜艳，汤清香，具有碧螺春的茶香味，为茶膳名贵热菜之一。

主要营养保健成分

成分	含量
蛋白质	219克
脂肪	74克
碳水化合物	5.2克
膳食纤维	2.3克
热量	6 354千焦
钙	248.7毫克
磷	2 288.6毫克
铁	22.2毫克
维生素C	2.9毫克
维生素E	1.5毫克
茶多酚	1 590毫克

冻顶白玉

材料：冻豆腐2块（人多可适当增加），冻顶乌龙茶末10克，肉末50克，香菇2个，植物油、盐、味精适量。

做法：1.将豆腐横切成两半，然后切成厚约3分的片，用开水氽一下，整齐地码在盘内。香菇切成碎粒待用。2.炒锅上火，放少许植物油，将肉末、香菇煸炒，放入盐、味精调好味，出锅均匀地放在豆腐上，再撒上茶末即成。

主要营养保健成分

成分	含量
蛋白质	80.6克
脂肪	65.6克
碳水化合物	37.2克
热量	3 131千焦
膳食纤维	2.5克
钙	2 796毫克
磷	511.4毫克
铁	24.3毫克
茶多酚	800毫克

银针庆有余（甲）

材料：净鳜鱼肉200克，银针茶10克，火腿肉25克，冬笋10克，水发口蘑10克，菜芭12个，鸡清汤750克，杂骨汤500克，鸡蛋1个，水淀粉、盐、味精、胡椒粉各适量。

做法：1.将鳜鱼肉洗净，片成宽3厘米、厚0.3厘米的片，用鸡蛋清、盐、水淀粉调好上浆。2.火腿切成长2厘米、宽1厘米、厚0.3厘米的片。冬笋、口蘑切成片。3.炒锅置大火上，加鸡清汤、盐、味精烧开，下鱼片、冬笋、口蘑、菜芭，氽熟捞出，放入鸡汤碗内。4.茶叶盛入透明的玻璃杯中，冲入开水，待茶泡开竖立于水中时，入鸡汤碗。汤中撒上胡椒粉，拌匀即可。

成分	含量
蛋白质	258克
脂肪	72克
碳水化合物	8.5克
膳食纤维	1.5克
热量	7 240千焦
钙	445毫克
磷	995毫克
铁	14.5毫克
茶多酚	800毫克

银针庆有余（乙）

材料：活鳜鱼1条（约250克），新银针茶10克，火腿、鲜笋、鲜菇各15克，鸡清汤、盐、鸡精各适量。

做法：1.洗净鳜鱼，开膛、去内脏备用。2.茶叶去梗、杂叶。3.火腿、鲜笋切片，与干茶叶、鲜菇同置鱼肚内，均匀撒盐少许。4.将鱼、鸡清汤盛盘，放盐、鸡精，上锅蒸熟即可。5.上菜前，盘边加萝卜花。

特点：此菜将茶名与中国民间“年年有余”的说法融合为菜名，并以“庆”字相连。菜本身则赏心悦目，清香可口。

成分	含量
蛋白质	258克
脂肪	72克
碳水化合物	8.5克
膳食纤维	1.5克
热量	7 240千焦
钙	445毫克
磷	995毫克
铁	14.5毫克
茶多酚	800毫克

甘露豆腐

材料：四川蒙顶甘露茶5克，冻豆腐4块，香菇20克，冬笋30克，鸡汁1盅，葱、料酒各适量。

做法：1.甘露茶冲泡后取嫩芽，冬笋切片、香菇水发后切瓣。2.将茶叶、冬笋、香菇入油锅略炒，起锅。3.用砂锅将鸡汁、豆腐微火炖约15分钟，将冬笋、茶叶、香菇覆在砂锅上，即可。

主要营养保健成分

成分	含量
蛋白质	82.3克
脂肪	35.3克
热量	3 010千焦
碳水化合物	33.9克
膳食纤维	2.4克
钙	5 863.6毫克
磷	910毫克
铁	27.4毫克
维生素C	6毫克
维生素E	1毫克
茶多酚	100毫克

紫笋狮子头

材料：浙江紫笋茶3克，青菜胆4～5个，肥猪肉、瘦猪肉各200克，植物油、葱末、姜末、淀粉、酱油、料酒、味精各适量。

做法：1.浙江紫笋茶冲泡后取嫩芽，漂洗净待用。2.锅内倒植物油，烧热，将紫笋茶嫩叶炸酥起锅。3.将猪肉剁碎，加入葱、姜及炸过的茶叶，加上淀粉，做成团状，入油锅，炸至棕黄色，沥去油，放入酱油、料酒，微火煮10分钟，做成狮子头。4.取青菜胆开水烫，入锅略炒，加入味精、盐，起锅装入砂锅，上面放上狮子头即可。

特点：传统菜肴，加入茶叶清香可口。

主要营养保健成分

成分	含量
蛋白质	40.2克
脂肪	2 364克
碳水化合物	10.4克
热量	9 865千焦
膳食纤维	1.8克
钙	88毫克
磷	446毫克
铁	6.2毫克
维生素C	77.2毫克
茶多酚	60毫克

佛手罗汉煲

材料：永春佛手茶3克，猴头菇20克，花菇、香菇、金针菇各15克，白果、平菇、冬笋各20克，黑木耳、白木耳各10克，枸杞子5克，盐、味精各适量。

做法：1.永春佛手茶3克，冲泡后取汁。2.以茶汁为汤，煲内放入以上各类原料，小火煮1小时以上，放入盐、味精即可。

特点：此菜为一素煲，煲猴头菇、白果等类似罗汉。其原料皆以鲜、醇为主，加之茶香阵阵，实为佳肴。

蛋白质	36.4克
脂肪	1.4克
碳水化合物	24.1克
膳食纤维	98克
热量	1 066千焦
钙	104.4毫克
磷	1 631.2毫克
铁	32毫克
维生素C	2.6毫克
茶多酚	60毫克

雀舌掌蛋

材料：江苏金坛雀舌茶3克，鸡蛋4枚，水发虾米20克，咸肉丁15克，植物油、葱末各适量。

做法：1.江苏金坛雀舌茶冲泡后取嫩芽，洗净待用。2.水发虾米切碎。3.将鸡蛋打散在碗里，放入雀舌茶嫩芽、虾米、咸肉丁调匀（不必放盐，因咸肉及虾米均有咸味）。4.锅内放入适量的植物油，烧热后入锅，煎成饼状。撒上葱末，装盘即可。

特点：酥香可口，别有风味。

蛋白质	42.2克
脂肪	37.7克
碳水化合物	4克
热量	2 215千焦
钙	145.4毫克
磷	570毫克
铁	18.4毫克
维生素C	1.2毫克
维生素E	0.6毫克
茶多酚	60毫克

紫笋熏鱼

材料：浙江顾渚紫笋茶5克，青鱼1条，植物油、酱油、糖、盐、料酒、香叶、姜片、大料各适量。

做法：1.浙江顾渚紫笋茶用研钵磨成粉。青鱼切成长条块。2.将茶粉及各味作料调好，鱼块入内，浸泡3小时以上。提出来后摊晾2小时。3.开油锅，油微热即下鱼块氽，待氽至七成左右（不可过火，否则鱼块发黑）起锅。4.将浸泡鱼块原汁与氽过的鱼块再烩20分钟即可。

特点：茶香去腥，松酥适口。下酒好菜。

主要营养保健成分

成分	含量
蛋白质	94.2克
脂肪	17.5克
碳水化合物	1.7克
热量	2 215千焦
膳食纤维	112克
钙	411.3毫克
磷	724.6毫克
铁	4.2毫克
维生素C	2毫克
维生素E	1毫克
茶多酚	100毫克

白牡丹蟹圆

材料：白牡丹茶3克，活螃蟹6～8只，猪肉末100克，植物油、葱、酱油、盐、水淀粉各适量。

做法：1.白牡丹茶冲泡后取嫩芽叶。2.螃蟹蒸熟后，剥肉，并保留蟹壳。3.将蟹黄、蟹肉、猪肉末、茶叶、葱、酱油、盐拌匀，做成肉圆状，与蟹壳大小接近。4.开油锅，慢火氽，略黄，定型后起锅。再全部入锅烩10分钟，让调料入味。5.然后用水淀粉勾芡，将每一个蟹圆装入蟹壳，装盘即可。

特点：蟹壳金黄，蟹圆味美，茶香诱人，可谓席中大餐。

主要营养保健成分

成分	含量
蛋白质	149.5克
脂肪	118.8克
碳水化合物	74.9克
热量	8 235千焦
钙	1 296毫克
磷	1 551毫克
铁	131.4毫克
膳食纤维	360毫克
维生素C	1.2毫克
维生素E	0.6毫克
茶多酚	60毫克

兰花松子鲜贝串

材料：安徽岳西大别山小兰花茶3克，鲜贝100克，松子50克，淀粉、盐、蛋清、味精、植物油各适量。

做法：1.小兰花茶冲泡后取嫩芽。2.将鲜贝用竹签串好。3.将淀粉用水、蛋清调匀，放入兰花茶嫩芽、味精、盐。然后将鲜贝串在调匀的淀粉糊中裹一下，再粘满松子。3.锅里倒入植物油，烧热，抓住竹签的尾部，反复浸在油里炸，待色变黄起酥即可。

特点：茶香、松子香扑鼻，酥软可口。

成分	含量
蛋白质	34.7克
脂肪	20.7克
碳水化合物	12.2克
热量	1 517千焦
钙	77毫克
磷	344.7毫克
铁	1.4毫克
膳食纤维	1.8克
维生素C	1.2毫克
茶多酚	60毫克

茶入主食

你的饺子与茶叶产生联系，不管是馅还是皮，会不会都让你觉得耳目一新？你的面饼中加入茶粉或者用茶叶制成馅饼，会不会让你食欲大增？不需要比平时做饭更多的程序，你也能享受别具风味的主食。

碧螺春蒸饺

材料：饺子粉1 000克，高档碧螺春茶50克，三鲜饺子馅400克（猪肉200克、虾仁100克、鸡蛋100克），盐、味精、料酒、白糖各适量。

做法：1.和好面，醒面。肉馅与调料搅拌均匀。2.茶叶用热水润发，剁碎，拌于三鲜馅中。3.煮饺、蒸饺均可。

特点：鲜香适口，风味独特。和面时可加菠菜汁或芹菜汁，以增加视觉效果。

成分	含量
蛋白质	148.3克
脂肪	145.9克
碳水化合物	753.6克
膳食纤维	11克
热量	20 566千焦
钙	352毫克
磷	724毫克
铁	31.6毫克
维生素C	10克
维生素E	5毫克
茶多酚	5 320毫克

鸡丝茶面

材料：龙须面250克，高档绿茶10克，青椒、胡萝卜、绿豆芽各50克，花椒油、盐各适量。

做法：1.青椒、胡萝卜、绿豆芽用热水焯过并加盐。青椒、胡萝卜切成细丝。2.茶叶润发，去汤。3.煮好面，分盛纯白小碗内，拌好上述菜码即可。

特点：色彩鲜明，口感好。

成分	含量
蛋白质	25.8克
脂肪	4克
碳水化合物	182克
膳食纤维	6.2克
热量	3 841千焦
钙	87.5毫克
磷	455毫克
铁	7.6毫克
维生素C	59.6毫克
维生素E	4毫克
胡萝卜素	0.7毫克
茶多酚	200毫克

茶鸡玉屑

材料：鸡脯肉8小片（100克），鸡蛋1个，面粉100克，泰国香米饭400克，海带丝、高档绿茶各10克，料酒、盐、植物油各适量。

做法：1.茶叶、海带丝用热水发好备用。2.将鸡脯肉纵切成丝，用刀背轻轻敲打，撒上盐和黄酒，放置4～5分钟。3.鸡蛋打入碗中，加冷水150毫升，调入面粉，迅速用力搅匀成蛋糊。4.鸡丝蘸上蛋糊，放入热油锅中炸熟，捞出撒上细盐拌匀，与米饭、茶叶、海带丝四等分置于纯白盘中即成。

特点：本款茶饭好看好吃，增进食欲。

注：另一种吃法是盖浇饭吃法，将做好的鸡丝、海带丝、茶叶拌上盐，置于盘中的米饭上即可。

成分	含量
蛋白质	67.4克
脂肪	15.3克
膳食纤维	2.4克
碳水化合物	380克
热量	8 230千焦
钙	283毫克
磷	1 412毫克
铁	51.6毫克
维生素C	4毫克
维生素E	2毫克
茶多酚	200毫克

绿茶芝麻糊

材料：绿茶5克，黑芝麻50克，核桃仁10克，植物油、白糖各适量。

做法：1.绿茶磨成粉。2.黑芝麻、核桃入冷油锅，小火炸熟，起锅，黑芝麻磨成粉。3.将茶粉、黑芝麻、白糖拌匀，热水冲后将核桃仁放在上面即可。

主要营养保健成分

成分	含量
蛋白质	15.7克
脂肪	23.5克
碳水化合物	13.3克
膳食纤维	2.1克
热量	1 704千焦
钙	40.2毫克
磷	226.8毫克
铁	1.1毫克
维生素C	2毫克
维生素E	1毫克
茶多酚	100毫克

雨花麻饼

材料：南京雨花茶2克，面粉150克，白糖20克，芝麻、发酵粉、植物油各适量。

做法：1.雨花茶研钵磨碎，掺入面粉中。2.将掺入茶叶的面粉、水、发酵粉、白糖拌匀，做成饼状，并沾满芝麻。3.上蒸笼20分钟后起锅，略凉。4.另起锅倒入植物油，烧至五成热，将面饼放入略炸，待两面酥黄起锅，切成丁状即可。

特点：有茶香、芝麻香，松软酥口，老少皆宜。

主要营养保健成分

成分	含量
蛋白质	14.3克
脂肪	2.1克
碳水化合物	112.5克
热量	2 529千焦
钙	75.5毫克
磷	243毫克
铁	3.9毫克
维生素C	1毫克
茶多酚	40毫克

绿茶鸡汤面条

材料：绿茶粉3克，面粉200克，盐、小葱末、鸡汤各适量。

做法：1.将茶粉掺入面粉中，加水、盐拌和。2.揉匀后，擀成面条状，入开水锅。二开后，捞出，盛入鸡汤碗内，撒上葱末。

特点：茶叶面条呈绿色，在鸡汤中，色香味俱佳。

成分	含量
蛋白质	61.8克
脂肪	7.8克
碳水化合物	151.4克
膳食纤维	1 860毫克
热量	3 854千焦
钙	72毫克
磷	704毫克
铁	8.2毫克
维生素C	1.2毫克
维生素E	1毫克
茶多酚	60毫克

翠芽茶泡饭

材料：江苏金山翠芽茶3克，青菜（菠菜）150克，猪肉30克，熟米饭250克，植物油、鸡汤、盐、味精、葱花各适量。

做法：1.翠芽茶冲泡后取叶，洗净待用。2.青菜洗净、切碎，待用。猪肉切丝待用。3.在锅内略倒些植物油烧热，先将肉丝入内翻炒一下，茶叶、青菜叶随后入锅，略炒。4.将熟米饭入锅，加水、盐、味精煮5分钟后添鸡汤，待滚盛入器皿内，撒上小葱花即可。

成分	含量
蛋白质	17.8克
脂肪	85.4克
碳水化合物	81.1克
热量	5 680千焦
膳食纤维	1.6克
钙	98.1毫克
磷	712.9毫克
铁	6.2毫克
维生素C	59.7毫克
维生素E	0.6毫克

茶入汤粥

茶叶的营养与水融合便是茶水，当茶叶的营养与五谷和蔬菜肉蛋融合，又将是怎样的一番美味？你煲汤时是否从来没有想过加点茶叶？今天不妨试一试，这将是你绝不后悔的选择。

银毫清汤燕窝

材料：干燕窝20克，银毫茶5克，瘦火腿15克，清汤1 500克，盐、味精、胡椒粉、料酒各适量。

做法：1.燕窝水发，择净成燕菜。火腿切成细丝。2.燕菜放入碗中，加入清汤（能没过燕菜即可），加入盐、味精、胡椒粉、料酒调味，上笼蒸20分钟左右。3.茶叶用干净纱布包好，放入清汤中，用火烧开，略煮一会儿，茶叶包离火，将汤注入碗中，撒上少许火腿丝即成。

特点：此菜适用于比较高级的宴会。

注：蒸燕菜时，要求吃软不吃脆，但也不能蒸成泥状。

龙井茶蛤蜊汤

材料：蛤蜊250克，龙井茶10克，料酒、姜丝、盐各适量。

做法：1.用开水将茶叶泡开，留清净茶汤和茶叶备用。2.另外煮开半锅水，放入蛤蜊、盐、姜丝及茶叶。3.待蛤蜊张开后，再将茶汤倒入，混合煮开即可。

成分	含量	成分	含量
蛋白质	10.4克	铁	2.8毫克
脂肪	1.3克	膳食纤维	1200毫克
碳水化合物	4.1克	维生素C	4毫克
热量	1 731千焦	维生素E	2毫克
钙	103.5毫克	茶多酚	200毫克
磷	119.1毫克		

龙井捶虾汤

材料：青虾500克，龙井茶15克，鸡蛋1个，清鸡汤1 500克，料酒、盐、味精、葱、姜各适量。

做法：1.茶叶用开水泡发，留茶汤备用。2.葱切段；鸡蛋用清；虾剥壳，留尾洗净，控出水分。用料酒、盐、味精腌30分钟左右。3.姜切片，用刀拍一下，放入虾仁与肉，案板撒上淀粉，两面托上淀粉，用擀面杖将虾慢慢捶成薄片。锅内放入清水烧沸，将虾片下锅氽透，捞出用凉水过凉，去掉虾尾，使虾尾呈现出一点红色。4.清汤注入锅内烧开，放盐、味精、料酒调味，先盛一点清汤将虾片烫透捞入汤碗内，再把茶汤适量入清汤内，烧开，倒入碗内即成。

特点：虾片白嫩透明，汤清味鲜。此菜可以用大虾做主料。此菜去油腻，助消化，适于夏季或油腻较多的宴会。

成分	含量
蛋白质	336克
脂肪	30克
碳水化合物	13.2克
热量	6 799千焦
钙	339.6毫克
磷	2 792毫克
铁	18.5毫克
膳食纤维	2.1毫克
维生素C	6毫克
维生素E	3毫克
茶多酚	300毫克

桃溪浮翠

材料：火腿肉150克，龙井茶5克，涪陵榨菜10克，清汤1 000毫升，料酒、盐、味精、胡椒粉、淀粉各适量。

做法：1.将火腿切成薄片，加调料拌匀，置半小时，待用。2.茶叶用沸水冲泡，迅速沥去水分，再用开水100毫升冲泡，待用。3.榨菜切丝，待用。4.将火腿片下开水锅，氽熟后捞出。鲜汤中加入调料，再加茶叶和茶汁，煮沸后加榨菜，最后倒入肉片即成。

成分	含量
蛋白质	33.4克
脂肪	841克
碳水化合物	2.7克
膳食纤维	700毫克
热量	3 736千焦
钙	187.7毫克
磷	438.7毫克
铁	6.1毫克
维生素C	2毫克
维生素E	1毫克
茶多酚	100毫克

龙井豆腐汤

材料：豆腐250克，龙井茶5克，盐、味精、料酒、胡椒粉、鸡汤各适量。

做法：1.将豆腐切成边长3厘米的三角形片，用开水焯一遍，待用。2.龙井茶用开水泡好待用。3.锅上火，放入鸡汤，下豆腐稍煮，放入盐、味精、料酒、胡椒粉调味，倒入沏好的茶水和茶叶即可。

主要营养保健成分

成分	含量
蛋白质	20.2克
脂肪	8.8克
碳水化合物	8.5克
膳食纤维	950克
热量	752.4千焦
钙	711.3毫克
磷	152毫克
铁	6毫克
维生素C	2毫克
维生素E	1毫克
茶多酚	100毫克

乌鱼茶汤

材料：鲜乌鱼1尾，茶叶20克，茅根500克，冬瓜皮、生姜、红枣各50克，冰糖20克，葱白3根。

做法：1.将茶叶、茅根、冬瓜皮、生姜、红枣加水适量，煎熬成汤，去渣后，浓缩至1 000毫升左右。2.放入鲜乌鱼（去肠），小火煮至鱼熟烂，加入冰糖、葱白即可。

特点：本汤可做菜肴食用，能健脾补肾，利尿消肿。喝法：每日3次，分顿食用，喝汤食鱼。

主要营养保健成分

成分	含量
蛋白质	75.7克
脂肪	4.5克
碳水化合物	90.1克
热量	2 713千焦
钙	183.5毫克
磷	917.2毫克
铁	5.5毫克
膳食纤维	5.5毫克
维生素C	832毫克
维生素E	4毫克
茶多酚	400毫克

绿茶番茄汤

材料：番茄50～150克，绿茶5克，葱、姜、盐、鸡精各适量。

做法：1.番茄洗净，用开水烫后去皮，切块。2.将番茄和绿茶混合置于碗中，加开水400毫升入锅烧开，加葱、姜、盐、鸡精即成。

特点：本汤可以做菜肴食用，也可以治病。日服2次，具有凉血止血、生津解渴之功效。适应眼底出血、高血压、牙龈出血、食欲不振等症。

成分	含量
蛋白质	2.9克
脂肪	0.5克
碳水化合物	5克
膳食纤维	850毫克
热量	94千焦
钙	28毫克
磷	45.6毫克
铁	1.2毫克
维生素C	98毫克
维生素E	1毫克
茶多酚	100毫克

观音鸡汤

材料：鸡腿2块，铁观音茶5克，萝卜500克，盐、鸡精各适量。

做法：1.萝卜洗净削皮、切块。鸡肉洗净切块备用。2.铁观音闷泡5分钟，留茶汤和茶叶备用。3.用沸水将鸡肉汆烫后，另放高压锅内，加萝卜、茶汤、茶叶和水。大火煮沸，再以小火焖煮半个钟头左右。4.最后加上盐、鸡精调味即可。

成分	含量
蛋白质	26.3克
脂肪	1.3克
碳水化合物	43.6克
热量	1 216千焦
膳食纤维	5.2克
钙	200.8毫克
磷	543毫克
铁	22.2毫克
茶多酚	100毫克
维生素E	1毫克

红茶八宝粥

材料：红茶、银耳各5克，红豆、白果仁各20克，红枣、核桃仁各10克，莲子15克，小米30克，糯米50克。

做法：1.红茶冲泡后取汁。2.红豆等煨至八成熟，再放红枣、糯米、红茶汁。再煮20分钟即可。3.白糖可根据个人的需求添加。

特点：冬令大补，适合老人、小孩食用。

主要营养保健成分

成分	含量
蛋白质	15.3克
脂肪	5.3克
碳水化合物	102.3克
膳食纤维	2.7克
热量	1 990千焦
钙	63.1毫克
磷	295.9毫克
铁	2.8毫克
维生素C	162.6毫克
茶多酚	75毫克

梅龙汤圆

材料：江苏梅龙茶5克，糯米粉250克，肉末150克，虾仁20克，酱油、盐、味精、葱末、姜末各适量。

做法：1.将江苏梅龙茶用研钵磨成茶粉，或购现成茶粉。2.茶粉、糯米粉掺在一起，用温水揉成团。3.肉末及剁碎的虾仁、葱、姜末等加调料拌匀做馅。4.糯米粉捏成饼状，放入馅，搓成汤圆。5.沸水煮10分钟左右，视汤圆飘浮即可。

特点：汤圆呈绿色，茶香扑鼻，使人食欲大增。

主要营养保健成分

成分	含量
蛋白质	37克
脂肪	93.20克
碳水化合物	194.8克
膳食纤维	1.2克
热量	7 317千焦
钙	79.8毫克
磷	578.6毫克
铁	23.9毫克
维生素C	2毫克
维生素E	1毫克
茶多酚	100毫克

茶叶饼干

茶叶饼干的制作一般分为两种方法，一种是用茶汤，一种是用茶粉。两种各有其特点。下边说一下用茶粉的制法。

材料：桂白粉102克，白糖粉39克，可可油0.3克，黄油0.45克，鸡蛋3克，可可粉3克，花生油16.5克，饴糖3克，苏打1.05克，香草粉0.075克，盐0.15克，红茶粉6克（茶粉市场上有售，也可以自己加工，要直径0.003毫米的茶粉）。

做法：1.准确称量多种辅料，混合要均匀。2.加水搅拌调制面团，调制的面团要经过滚轧，达到厚度均匀，形态平整，表面光滑，质地细腻。3.按规格切成要求的形状。成型坯要入烘炉进行烘干。家庭自制可用微波炉烘干。出炉冷却后即可食用。4.自家用可装入饼干桶备用。售卖可用袋进行密封包装。

特点：这种饼干香酥可口，除一般饼干中含有的香气外还特别透出一股茶叶的清香。食之可防口臭，可防龋齿。好消化易吸收。从所含营养成分看，茶叶饼干中人体不可缺少的三种氨基酸高于普通饼干7.1%，普通饼干无茶多酚和咖啡碱，铁、锌的元素也很少。所以说茶叶饼干优于普通饼干，是一种老少皆宜的营养食品。

茶入点心

茶点是在茶的品饮过程中发展起来的一类点心，有着丰富的内涵，在漫长的发展过程中，形成了花样不同的茶点类型与风格各异的茶点品种。动手尝试别样的茶点吧！

红绿茶冻

材料：红豆、绿豆各100克，果冻粉20克，红茶、绿茶各5克，白砂糖、植物油各适量。

做法：1.红豆、绿豆分别熬为豆沙。2.沸水冲泡茶叶，分别取汁待用。3.红、绿豆沙分别相应用红、绿茶汁和果冻粉、白糖、植物油调匀后，小火煮至滚沸，置入容器，略凉后放入冰箱，速冻成型，切块即可食用。

特点：似糕非糕，似冻非冻，有弹性，有茶香，红绿相间，色香味俱佳，可为茶宴中点心，受老人、女士喜爱。

红茶冻：

蛋白质	23.4克
脂肪	2.8克
碳水化合物	61.7克
热量	2 245千焦
膳食纤维	5.3克
钙	92.3毫克
磷	395.6毫克
铁	5.2毫克
维生素E	1毫克
茶多酚	100毫克

绿茶冻：

蛋白质	25.6克
脂肪	2.5克
碳水化合物	60.5克
膳食纤维	4.9克
热量	2 236千焦
钙	96毫克
磷	369.6毫克
铁	7.5毫克
维生素C	2毫克
维生素E	1毫克
茶多酚	105毫克

五香茶叶蛋

材料：鸡蛋10只或20只，祁门红茶10克，桂皮5克，大料、甘草、枸杞子、香叶各2克，酱油100克，盐少许。

做法：1.先将鸡蛋煮熟、起锅，蛋壳敲裂，用牙签扎入蛋内，每个蛋约5个眼。2.将各种调料放入纱布袋内，留有空间，封口。3.鸡蛋、调料、酱油、盐入锅后，加水淹过鸡蛋2厘米左右，小火煮1～2小时即可。

溧阳白茶春卷

材料：春卷皮10张，溧阳白茶茶叶3克，猪肉、韭黄各100克，植物油、盐、味精各适量。

做法：1.溧阳白茶冲泡后，取嫩叶，用水冲净，待用。2.韭黄洗净，切成3厘米长短待用。3.猪肉洗净切成丝状待用。4.锅热后，略放些油，将肉丝先入锅略炒，然后放入茶叶、韭黄，略炒一下，加盐和味精调味，即出锅。5.春卷皮展开，将炒在一起的茶叶、肉丝、韭黄包起来。接口处可用面糊或蛋清粘一下。6.开油锅，煎炸春卷至色深黄起锅装盘即可。

成分	含量
蛋白质	13.5克
脂肪	7.2克
碳水化合物	24.4克
热量	844千焦
膳食纤维	1.4克
钙	37.1毫克
磷	15毫克
铁	3.1毫克
维生素C	0.4毫克
维生素E	0.2毫克
茶多酚	200毫克

绿雪炒年糕

材料：敬亭绿雪茶3克，粳米粉、韭黄各200克，肉丝100克，植物油、酱油、味精、盐各适量。

做法：1.敬亭绿雪茶用研钵磨成粉（或用绿茶粉代替）。2.将茶粉与粳米粉搅匀加水，做成圆条状，入蒸锅蒸熟，凉干，切成片。3.炒锅略加些油，将肉丝、韭黄、年糕切好入锅略炒，放入酱油、味精、盐调味即可。

特点：年糕色绿，韭黄色黄，黄绿相间，色香俱佳。

成分	含量
蛋白质	39克
脂肪	33.6克
碳水化合物	160.1克
热量	4 427千焦
膳食纤维	3.6克
钙	136.7毫克
磷	716.7毫克
铁	10.6毫克
维生素C	79.2毫克
维生素E	0.6毫克
茶多酚	60毫克

茶入酒水

中国人向来注重茶文化和酒文化，二者的相同点是都属于休闲文化、交际文化。在中国人眼里，酒和茶都是有灵魂的，但两者性情截然相反，一个像豪爽讲义气的汉子，一个如文静温和的书生。然而中国人对大自然的馈赠利用起来是丝毫不含糊的，将火性之酒与柔性之茶结合起来就是一个有力的例证。我们的祖先早就尝试过用茶酿酒，现代也不乏各种茶酒，如普洱茶茶酒、红茶茶酒、绿茶茶酒等。

茶入酒水是指茶酒和茶饮料，这是茶膳中的一部分，茶宴所用的酒水与日常宴席有所不同，酒是茶酒，饮料是茶饮料。

茶酒可分两大类：一类是临时用各种酒和茶水勾兑出的浓度不同、颜色不一的茶酒，如干红葡萄酒和祁红茶水勾兑的红茶酒，再放一块冰糖，很适合女士饮用。另一类是利用生物技术，以茶为原料直接酿造的茶酒。如市售的“弘法系列茗酒”，主要品种有8° 的绿茶酒、12° 的红茶酒、16° 的乌龙茶酒等。

早在1200年以前来中国留学的日本弘法大师（空海），就倾心研究过大唐的茶酒文化，萌发过把茶和酒合为一体的想法，但由于茶叶的主要成分茶多酚对发酵所用的酵母菌具有抑制作用，致使弘法大师以茶做酒的梦想一直没有实现。今天的科学发展，特别是生物技术的发展，解决了这一难题，可以酿造出酒味醇厚、色泽清亮、茶香浓郁且完整保留了茶叶中茶多酚的茶酒，这些茶酒既有茶香、又有酒味，是茶和酒的完美结合。

中国的茶饮料真正兴起是20世纪80年代以后，茶饮料分三大类：第一类是以茶为原料，运用现代科学方法提取的茶叶中的主要成分，如茶多酚、咖啡碱、脂多糖等，以这些成分为主要原料，做成茶饮料，或以速溶茶加柠檬、香精、水等形成的一种液体茶饮料，如康师傅柠檬茶、冰红茶等。第二类是用不同种类的茶冲泡的茶水，经过滤、消毒、装瓶（罐）的即饮茶饮料，这类饮料是原汁的茶水，茶味比较浓，香气醇和回味足，如康师傅绿茶、乌龙茶等。第三类是碳酸茶饮料，这是在前两类茶饮料的基础上加了一种气体，形成有茶味的碳酸饮料，如旭日升冰茶和暖茶等。

茶点与茶饮的搭配

休闲时候喝茶，搭配茶食的原则可概括成一个小口诀，即“甜配绿，酸配红，瓜子配乌龙”。所谓甜配绿，即甜食搭配绿茶来喝，如用各式甜糕、凤梨酥等配绿茶；酸配红，即酸的食品搭配红茶来喝，如用水果、柠檬片、蜜饯等配红茶；瓜子配乌龙，即咸的食物搭配乌龙茶来喝，如用瓜子、花生米、橄榄等配乌龙茶。

香甜茶点衬绿茶

绿茶淡雅轻灵，与口味香甜的茶点搭配饮用，香气此消彼长，相互补充，带来美妙的味觉享受。此外，清淡的绿茶能生津止渴，有效促进葡萄糖的代谢，防止过多的糖分留在体内，享用甜美如饴的茶点，如羊羹、糖果、月饼、凤梨酥等，不必担心口感生腻和增加体内的脂肪。

精制西点伴红茶

由于红茶进入西方已经有了很长的历史，饮用红茶搭配什么样的茶点经过漫长的摸索和实践已经逐渐成熟、完善和固定。在传统的英式午茶中，人们品饮着红茶，搭配的是奶油蛋糕、水果派、松饼和各种奶酪制品等甜点。通常茶点由女主人自己制作，因而各家的茶点也有着不同的风味和特色。这些茶点与红茶的味道搭配起来，甘甜清爽，香气四溢，已经为人们所接受和习惯。

从味道上说，酸甜口味的茶点可以抵消红茶略带苦涩的口感，此类茶点有各种酸甜口味的水果、柠檬片、蜜饯等。

荤油茶点与普洱

普洱茶性属甘冷，具有良好的消脂效果。陈化得宜的普洱不苦不涩，独特的陈香醇厚平和，口感滑爽。食用味重、油腻的茶点后，饮用普洱可以减轻口感上的油腻，此类茶点有蛋黄酥、月饼、酱肉、肉脯以及各种炒制的坚果等。

淡咸茶点配乌龙

乌龙茶是半发酵茶，兼有绿茶的清香气味和红茶的甘甜口感，并回避了绿茶之苦和红茶之涩，口感温润浓郁，茶汤过喉徐徐生津。用淡咸口味或甜咸口味的茶点搭配乌龙茶，对于保留茶的香气，不破坏茶汤的原汁原味最为适宜。如坚果类的瓜子、花生、开心果、杏仁、腰果，以及咸橄榄、豆腐干、兰花豆等。

清淡小吃配花香

茉莉花茶香气氤氲，鲜灵清爽，且香味持久怡人。研究表明，茉莉花茶的茶香可舒缓情绪，对人的生理和心理都有镇静效果。因此，饮茉莉花茶时不宜搭配各种炒制的坚果或口味浓重的茶点，以避免食物掩盖了茶的清香。

豆制品和糯米制成的茶点比较适合搭配花茶来食用，如北方的绿豆沙、豌豆黄、驴打滚等小吃。

第四章

茶疗

万病之药出神农，益气润肌增人寿

传神农发现茶叶就是作为药用解毒的，唐代医药学家陈藏器在《本草拾遗》中称：『诸药为各病之药，茶为万病之药。』

功效远高参与术
——中医细话茶疗

茶疗六大优点

茶疗，是中医治疗体系中很特殊的一支。从实质上说，应该说是中医食疗（近代称药膳）中的单独分支，是中医与茶文化的结合产物。

茶疗的六大优势：效佳（防治疾病的疗效可靠）、面广（治疗面极广）、无毒（可以长服久服）、味美（属于可口的饮料）、价廉（即使收入较低者也不会成为负担）、便用（几乎不需任何特殊设备）。

茶疗三种形式

茶疗应有狭义、广义之分，共有如下三个系列：①单味茶；②茶加药；③代茶，即没有茶叶，只是用其他中药“如造茶法”、“一依煎茶”法饮服，意即用中草药取汁如饮茶。本书主要讲单味茶和茶加药。

单味茶属于中医药“七情合和”中的“单行”，只一味成方，故又称“茶疗单方”。一味茶古今共有功效30多项，为其他中西药物所不及。

单味茶（茶疗单方）是最基本、最重要也最吸引人的一类。没有这一类，就不可能形成声势浩大的茶疗。

茶类不同功效有异

茶的品种非常多，这是从古至今各地茶农根据不同的气候、土壤条件精心培育的结果。到中国明代，已有5大类茶叶，即绿茶、红茶、黄茶、黑茶、白茶。到了清代，又出现了乌龙茶，共6种基本茶类。此外，还有一大类再加工茶类，包括花茶（茉莉花茶、玫瑰花茶等）、紧压茶（黑砖、饼茶等）、萃取茶（浓缩茶、速溶茶等）。总数有数百种之多。笼统来说，以未经发酵的绿茶，经发酵的红茶与半发酵的乌龙茶最为重要。具体品种以杭州的龙井（绿茶）、祁门红茶、武夷山乌龙茶、云南普洱茶、太湖碧螺春等最为知名。

每种茶，都有良好的茶疗效能。其中，乌龙茶类（包括闽北乌龙如武夷岩茶，闽南乌龙如铁观音，广东乌龙如凤凰水仙，台湾乌龙如冻顶乌龙）对减肥健美、降血脂、降血压、防治动脉硬化以及因此引起的冠心病与慢性脑供血不足具有良好疗效，曾引起各国人士的注视而风行一时。龙井茶与普洱茶亦颇延时誉，如从中医理论分析，绿茶之性略偏凉，而红茶略偏温。所以一般也要根据体质或疾病之寒、热来辨证用茶：寒者（虚寒、内寒）多用红茶，热者多用绿茶。同属消化道疾病，胃病如溃疡病、慢性胃炎等多宜红茶；肠炎、痢疾之类则宜饮绿茶，食疗、药膳以及消食、解腻方面亦多用绿茶；青茶（乌龙茶）为中性，不温不凉，适用于所有体质的人。

茶根和茶籽也可用于茶疗

除了茶叶以外，茶根与茶籽也可用作茶疗。茶籽含油量在20%左右，可以榨出油来以供食用，就是茶油；它的淀粉含量比油还高（24%），可以用来酿酒。茶籽还可药用，服后会引发呕吐，把痰垢吐出来后咳嗽、气喘就随之而愈。此外，利用茶籽饼粕泡水来洗头、洗衣，在中国古已有之，《本草纲目》即有“茶子捣仁，洗衣去油腻”的记载，这与其所含的茶

皂素有关。一般认为：用茶籽饼水洗头以后，可使头发松软光泽，能止痒、去头屑、除头虱，所以在民间流传较广。因此，近代从而研制出一系列茶皂素洗发香波。

茶树的根也是很好的药物，过去用它煎汤代茶饮服，可治口唇糜烂；近年各地用它治疗心脏病。作者就用茶树根配合麻黄、车前草、连翘等中药来治肺源性心脏病，疗效很好。据福建盛国荣经验，用老茶根（10年以上，越老越好）饮片，每日30～60克，或单用水煎服，或加糯米酒后水煎服，或辨证加以茜草根、凌霄花根等同煎服，可以用来治心血管疾病，如风湿性心脏病、高血压性心脏病、冠心病、心律不齐（包括早搏、房室传导阻滞、心房纤动等）以及痛经、不孕症等。他还将此方经现代制药方法制成复方茶树根片，每片含生药5克。每次服2片，日3次。

复方茶疗“茶加药”

茶加药属于中医药中经配伍其他药物而成的“复方”，故又称“茶疗复方”。配伍规律，主要与“同类相需”与“异类相使”有关。

茶加药（茶疗复方）也是茶疗的重要种类，仅次于单味茶。这一类的方剂，自唐、宋以至元、明的医学著作中，屡见不鲜。在许多大型中医学巨著中，都列有“药茶”的专篇，如《和剂局方》、《太平圣惠方》、《普济方》等古方中，以川芎茶调散最负盛名，首载于《和剂局方》，在宋代已经广为应用。同类方还有菊花茶调散、茶调散、川芎茶等。在民间经验方中，以午时茶最为重要，首载于清代名医陈修园所著《经验百病内外方》，近代十分流行。同类方有天中茶、万应甘和茶等。其他单验方如姜茶治痢、乳香茶治心痛、海金沙茶治小便不通、冷白矾浓茶急救食物中毒等。现代研制的茶加药，以针对减肥、降血脂、抗动脉硬化、降血压、防治心脑血管疾病等为主，故多与泽泻、荷叶、山楂、何首乌、菊花、桑寄生、决明子、夏枯草等同用。

川芎茶调散为茶加药类古方中最重要的方剂，首载于宋代的《和剂局方》。该方由9味药组成：川芎、细辛、白芷、羌活、甘草、荆芥、防风、薄荷、茶（系茶汤送服其他8药制成的细粉）。功能散风邪、止头痛。主治外感风邪，偏正头痛，或巅顶作痛，畏寒发热，眩晕欲呕，鼻塞清涕等。本方加菊花、僵蚕，名菊花茶调散，亦载于《和剂局方》，功效与川芎茶调散相同。从辨证用药来分析，川芎茶调散性略偏温，宜于证偏寒者；菊花茶调散性略偏寒凉，宜于证偏温热者。仅用上述方剂中的川芎与茶叶两味主药，即《简便良方》所载的川芎茶，功效亦大体略同。

茶叶之所以与各类中药配伍应用，主要在于加强中药的疗效，以适应复杂的病情。为了增强疗效，茶可以与具有相同功效或同治一病（或证）的中药同用。例如为了减肥、降血脂可与泽泻、荷叶、山楂同用，这就是同类相需的意思。为了病机上的配合以及适应复杂的病情，茶还可以与其他功效的中药配合应用，这就属异类相使。例如川芎茶（《简便

单方》）与川芎茶调散（《和剂局方》）中，茶都和川芎同用。川芎以活血行气为主，与茶的功效不同，但同用则可以扩大治疗范围与效果。

民间多将茶与食品或调味品相配合。常见者有以下几种：糖茶，可以补中益气，和胃暖脾；蜜茶，除了补中益气，和胃暖脾以外，更兼益肾润肠；盐茶，可以化痰降火，明目泻下；姜茶，可以发汗解表，温肺止咳；醋茶，可以止痛、止痢；奶茶，可以滋润五脏，补气生血；藏族的酥油茶，可以温补祛寒；苗族和侗族的油茶，可以扶正祛邪、预防感冒。

不宜饮茶的人群

饮茶对多数人而言都是健康方便的绝佳饮品，但并不是说它是包治百病的灵丹妙草。因为体质、生理、疾患等方面的影响，饮茶也存在不适宜的人群和需要注意的地方。例如，神经衰弱或患失眠症患者、贫血者、缺钙或骨折患者、患有胃溃疡患者、痛风病患者、心脏病患者、肝肾病患者、泌尿系统结石患者、孕妇等都不宜过量饮茶。

消化道疾病、心脏病、肾功能不全患者：一般不宜饮高档绿茶，特别是刚炒制的新茶，以减轻茶多酚对消化道黏膜的刺激，减少心脏和肾脏的负担。

儿童：适量喝一些淡茶（为成人喝茶浓度的1/3），可以帮助消化、调节神经系统、防龋齿。但儿童不宜喝浓茶。

孕期、哺乳期妇女：忌饮浓茶和茶多酚、咖啡碱含量高的高档绿茶或大叶种茶，以防止孕期缺铁性贫血。哺乳期妇女饮浓茶使过多的咖啡碱进入乳汁，会间接导致婴儿兴奋，引起少眠和多啼哭。

老年人：饮茶有益于健康，但要适时、适量、饮好茶。老年人吸收功能、代谢机能衰退，粗老茶叶中氟、钙、镁等矿物质含量较高，过量饮用会影响骨代谢。老年人晚间、睡前尤其不能多饮茶、饮浓茶，以免兴奋神经、增加排尿量，影响睡眠。

茶饮养生必知的19种芳香花草

1. 玫瑰花

别称：刺玫花、徘徊花、笔头花、长寿花、庚甲花。蔷薇科玫瑰属，多年生落叶灌木。清香高雅，取材于花蕾、花瓣。

花草史话：中国唐代，玫瑰露酒被作为宫廷饮品。宋代，玫瑰花成为宫廷美容养颜的化妆品。元代，玫瑰花开始被制作成饮料，主要作为药来用，能生津止咳。明代，玫瑰花开始被制成花茶，多为女性平常泡水喝。清朝时，玫瑰酒成为百姓都可饮用的上品。法国人用玫瑰花萃取举世知名的玫瑰纯露，作为贵夫人香薰和美容的佳品，而后的玫瑰精油更是在玫瑰纯露的基础上略更胜一筹。玫瑰纯露和玫瑰精油已成为女性养颜的必备用品。

养生功效：玫瑰花能消除色素沉着，改善皮肤干枯状况，使肌肤水嫩光泽；调理女性内分泌系统，对痛经、月经不调有神奇的功效，对不孕症、性冷淡也有一定的帮助；平衡并强化胃部，净化消化道，改善呕吐状况。玫瑰花中的精油成分能平抚情绪，提振心情，舒缓神经紧张和压力，给女人传递正能量。

禁忌：孕妇不宜饮用。

玫瑰花

2. 洋甘菊

别称：西洋甘菊、贵族甘菊。菊科母菊属或春黄菊属，一年生或多年生草本。取材于花、茎、叶，香甜果味，略带醉人的清香。

花草史话：洋甘菊原产于英国，在欧洲广泛种植。古埃及的祭司用洋甘菊来处理神经疼痛问题，古埃及人用洋甘菊精油按摩全身以增强免疫力。古罗马时期，民间用洋甘菊来医治毒蛇咬伤。英国伊丽莎白一世时期，人们将洋甘菊捣碎，撒在房间四周或焚烧干花，起到为环境添香的作用。欧美地区的一些美容沙龙，在招待顾客时有奉上洋甘菊茶的习俗，有利于使客人放松心情。

养生功效：（1）修复皮肤。洋甘菊富含黄酮类活性成分，能缓解过敏症状、减少红血丝、改善肤色。

（2）舒缓压力。饮用洋甘菊茶可以缓和压力、稳定情绪。

洋甘菊

芦荟

（3）缓解疼痛。对于肠胃痉挛、肠胃炎、腹痛、头痛、偏头痛、面部神经痛等痛症有很好的疗效。

（4）明目。可以缓解眼部疲劳，减轻眼睛酸涩感，适合经常性用眼过度的人群长期饮用。用冲泡过的冷茶包敷眼睛，还可以帮助去除黑眼圈。

禁忌：孕妇不宜大量饮用，花粉过敏者慎用。

3.芦荟

别称：卢会、讷会、象胆、奴会。百合科草本植物芦荟的叶汁干燥品。芦荟品种除了少数几种（如木立芦荟、上农大叶芦荟）可食用鲜叶外，大多数只是观赏植物。

花草史话：《本草再新》中记载芦荟能“治肝火，镇肝风，清心热，解心烦，止渴生津，聪耳明目，消牙肿，解火毒”。《本草经疏》记载芦荟“寒能除热，苦能泄热燥湿，苦能杀虫，至苦至寒，故为除热杀虫之要药”。现代，卢荟更是走进千家万户，成为女性美容的宠儿。

养生功效：（1）美白、防晒、祛斑。芦荟含有芦荟素，芦荟素中的20多种活性成分能清除细胞中有害物质，使皮肤细胞重新复活；富含的维生素C和蛋白酶、酵素本身就是公认的皮肤黑色素清除剂。

（2）保湿。芦荟含有一种天然保湿因子，其分子结构与人的表皮细胞分子结构最为接近，与人的皮肤最具亲和性，能够补充皮肤中损失的天然水分，在短时间内强效滋润人的皮肤。

（3）去除瘢痕、延缓皮肤衰老。芦荟中的黏液类物质可防止细胞老化，促进细胞再生，促进瘢痕的愈合，尤其是烧烫伤留下的瘢痕，使皮肤富有弹性，延缓皮肤的衰老。

（4）养发护发。芦荟大黄素等物质能使头发柔软有光泽、轻松舒爽，且具有去头屑的作用。

4. 桃花

别称：桃华、玄都花、花桃、碧桃。蔷薇科植物桃花的干燥花蕾。3～4月桃花初开的时候采摘。

花草史话：桃花原产于中国。《诗经》中有“桃之夭夭，灼灼其华”的记载，即是盛赞桃花的美丽。唐朝崔护的“人面桃花相映红”，以桃花和人面相映衬，更是引起千百年来人们的遐思。《神农本草经》认为桃花“令人好颜色”。唐朝的太平公主用桃花做面膜，保持容颜艳丽。

养生功效：（1）祛斑美白、红润面色。桃花中含有维生素A、B族维生素、维生素C以及山柰酚、香豆精、三叶豆苷等营养物质，能有效扩张血管，疏通脉络，改善血液循环，促进皮肤营养和氧供给，加快排泄加速人体衰老的脂褐质素，防止黑色素沉积，从而有效预防黄褐斑、雀斑、黑斑等，使皮肤白皙净透。

（2）活血悦肤、延缓衰老。桃花富含植物蛋白和游离态的氨基酸，容易被皮肤吸收，对防治皮肤干燥、粗糙及皱纹等有疗效，更能延缓皮肤的衰老，使皮肤光滑紧致。

（3）排毒瘦身。桃花利水通便，促进肠道运动，加快体内瘀毒和废物的排除。古代四大美女之一的杨玉环，虽然当时以胖为美，但是她曾用桃花泡水喝来保持身材，减掉赘肉，防止身体过于肥胖。

桃花

月季花

马鞭草

5. 月季花

别称：月月红、月月开、长春花、四季花、月月话、月贵花。蔷薇科植物月季的干燥花。月季花被誉为“花中皇后”，是中国十大名花之一。

花草史话：战国诗人屈原在《楚辞·九歌·涉江》中有这样的诗句：“露申辛夷，死林薄兮”。其中的“露申”就是指月季花。《本草纲目》记载月季花“活血消肿，敷毒”。《现代实用中药》认为月季花“活血调经。治月经困难，月经期拘挛性腹痛。外用捣敷肿毒，能消肿止痛”。《泉州本草》认为月季花“通经活血化瘀，清肠胃湿热，泻肺火，止咳，止血，止痛，消痈毒。治肺虚咳嗽咯血，痢疾，瘰疬溃烂，痈疽肿毒，妇女月经不调”。

养生功效：（1）活血化瘀、红润面色。月季花行气、活血祛瘀，能让血液在体内运行畅通，使气血把营养顺畅地运送到人体全身，对人体的气色有很大的改观。特别是经常劳累的女性，用月季花泡茶饮用或做面膜外敷脸部，能改善肤色，使面色红润，容华耀眼。

（2）疏肝排毒、美白肌肤。肝经对女性的容貌有着至关重要的作用。肝经不畅，则面色萎黄，肤色暗沉，面容苍老。月季花疏肝理气，可通利肝经，降肝火，疏肝气，促进体内废物的分解和排出，让面色光滑透亮，白皙透净。

6. 马鞭草

别称：铁马鞭、野荆芥、香水木、紫顶龙芽草。马鞭草科，多年生草本或亚灌木。香味如柠檬般清爽怡人。

花草史话：原产于南欧，17世纪时从西班牙传到欧洲其他国家，最初只被种植在贵族城堡或修道院中，后来流入民间，普遍栽种在花园中。早期基督徒称马鞭草为“十字架草药”（Herb of the Cross），因为他们相信马鞭草曾被用来为钉在十字架上的耶稣基督止血。由于这个缘由，马鞭草在中世纪是运用广泛的避邪物。至今欧洲有些地区仍然将马鞭草挂在床上，用来驱走梦魇。

养生功效：（1）减肥排脂。促进肠道脂肪分解，具有减肥功效。可减缓静脉曲张、腿部水肿，排水效果好，能起到一定的瘦腿作用，对臀部塑形也有很好的效果。

（2）宁心安神。马鞭草中的精油有松弛精神紧张及恢复元气的作用，能降低神经系统的兴奋性，促进睡眠。

（3）消炎止痛。强力消炎，可治疗伤风感冒、喉痛、支气管炎，缓解咽喉及鼻子的不适，抑制咳嗽；强力镇痛，可缓解偏头痛等各种头痛症状。

禁忌：孕妇及气血虚的人不宜饮用。

7. 柠檬草

别称：柠檬香茅（印度品种）、香水茅、香茅草（斯里兰卡品种）。禾本科香茅属，为多年生草本。取材于茎、叶，香味微甜，带有强烈的柠檬味。

花草史话：柠檬草原产于印度，香茅原产于斯里兰卡草原，两者是同科不同种的两种香草。由于它们无论形态还是香味都比较相似，所以人们往往将两者混淆而都叫做柠檬草或香茅。柠檬草的香味比香茅要浓郁一些，而且更优雅清香，其精油品质也比香茅的好。古时候人们常用柠檬草来做葡萄酒的香料。柠檬草一般可作为腌菜的香味料和做咖喱果子露、汤、甜酒的配香。荷兰人把柠檬草用于鱼料理的调味品。法式料理中也经常使用柠檬草。柠檬草还可提炼柠檬草油，用于调和皂用香精。把柠檬草精油加入护肤品中，可以改善皮肤过油造成的毛孔粗大现象。

柠檬草

养生功效：（1）减肥润肤。柠檬草能促进肠道内脂肪的分解，具有瘦身功能。另外，还能消除皮肤水肿，调节油脂分泌，改善贫血症状，滋润肌肤。

（2）调理肠胃。柠檬草餐前餐后都适宜饮用，具有促进消化、舒缓胃痛、改善腹泻症状的作用，对于便秘也有一定疗效。

（3）清热解毒。柠檬草茶有助于发汗，可用于防暑降温，并能缓解感冒引起的头痛、发热等症状。用残茶洗脚，还可去除脚臭。

（4）提神解乏。心情忧伤、情绪低落时，喝一杯柠檬草茶，可以提振精神，驱散忧伤，消除疲劳感。

禁忌：低血压者不宜长期饮用，且不宜饮用高浓度的柠檬草茶。

8.洛神花

别称：洛神葵、玫瑰茄、山茄。锦葵科一年生草本植物洛神花的干花。夏秋季节采摘，被誉为“植物红宝石”。

花草史话：非洲人采用洛神花花茎的表皮制绳。欧洲人很早就从非洲进口洛神花花萼干品，用于生产果汁与饮料等。洛神花叶子也用于医学治疗，用于清洁脓疮。

养生功效：洛神花能刺激新陈代谢，促进消化，清除体内堆积脂肪，达到减肥的功效；含有丰富的维生素C，能帮助身体补充钙质，强身健体；含有丰富的氨基酸、维生素、糖类以及类黄酮素、花青素等多种化学成分，能降低胆固醇，治疗高血脂，降低高血压，减少动脉硬化，预防心血管疾病；能清热消暑，利尿排毒；能安神减压，对抗各种原因导致的失眠与疲倦乏力。

洛神花

禁忌：孕妇、便秘者不宜饮用。

9.金银花

别称：忍冬花、金花、银花、二花、双花、双苞花、二宝花、苏花。忍冬科植物忍冬及同属植物的干燥花蕾。

花草史话：早在宋代，人们就发现金银花有解毒的功效。据记载，宋代崇宁年间，有几位僧人采了一些野蘑菇煮着吃，不想野蘑菇有毒，僧人吃了之后便呕吐不止，其中三位僧人由于及时吃了新鲜的金银花，结果平安无事，而没有吃金银花的僧人则不幸去世。

养生功效：（1）清热解毒。用于风热感冒引起的发热、咽喉肿痛、扁桃体炎、气管炎等症，降火解渴。

（2）肺热咳嗽。用于发热，咳嗽咯黄稠痰，或气急胸痛，急性气管炎、肺炎等。

（3）护肤减肥。能调节人体内分泌，有效去除脸部的痤疮、色斑，使皮肤光滑润泽，还有降脂减肥的功效。

（4）防癌抗癌。金银花含有大量对人体有益的活性酶，具有防癌抗癌的作用，能延缓衰老。

禁忌：不宜天天饮用，长期饮用会伤肾。金银花性寒，脾胃虚寒及气虚疮疡脓清者忌用，孕妇及女性经期也应禁用。

10.金莲花

别称：金芙蓉、旱地莲、金疙瘩、旱金莲、旱荷、金梅草。毛茛科植物金莲花的干燥花。夏天6~7月金莲花全盛时期采摘。

花草史话：金莲花分布在高海拔地区。从古至今，金莲花就是养颜名花。早在辽代，金莲花就被列为宫廷贡品。据传说，当时辽国的萧太后就是因为经常饮用金莲花茶而容颜美丽。《纲目拾遗》认为金莲花“治口疮，喉肿，浮热牙宣，耳疼目痛”，“明目，解岚瘴”。《山海草函》认为金莲花能治“疔疮，大毒诸风”。

养生功效：（1）活化细胞、防皱祛斑。金莲花能补充细胞所需的多种营养物质，起到活血养颜的作用。金莲花中所含OPC（原花青素）被欧洲人视为“青春营养品”、“天然的口服化妆品”，能增强胶原蛋白的活力，平衡人体内分泌，使皮肤变得光滑而有弹性，延缓衰老；去除自由基，防止皮肤老化，达到防皱和祛斑的目的。

金莲花

（2）去除皮肤疮胞、防痘去痘。金莲花具有解毒消肿的功效。经常饮用金莲花茶能有效控制痘痘的发生。当毒疮出现的时候，可取适量的金莲花捣烂，敷于患处，可起到解毒消肿的作用。

11.紫罗兰

别称：草紫罗兰、草桂花、四桃克。十字花科植物紫罗兰的干燥花，多年生草本植物。香气浓郁。

花草史话：希腊神话中主管爱与美的女神维纳斯，因伤感离别而留下晶莹的泪珠，次年竟然长出一株美丽芳香的花朵，即紫罗兰。在古希腊，紫罗兰是富饶多产的象征。中世纪的德国把每年的第一束紫罗兰高挂在帆船上，庆祝春季与福音的到来。罗马人常在大蒜、洋葱之间种植紫罗兰。拿破仑也钟情于紫罗兰。

养生功效：紫罗兰能够清热、祛火、消炎，对口腔异味等有一定的疗效，还能够润喉亮嗓；能够防止紫外线照射，消除暗斑，滋润皮肤；能够促进胃肠道蠕动，排毒清体，增强身体免疫力；对支气管炎也有一定的治疗功效。

12. 迷迭香

别称：迷蝶香、油安草、海上灯塔、海水之露、圣玛利亚的玫瑰、香草贵族。唇形科迷迭香属，多年生常绿小灌木状草本。香气浓烈、清澈，略带苦味及甜味。

花草史话：迷迭香最早被发现在地中海沿岸的断崖上，故被称为“海中之露”。迷迭香在1328年传到了英国，那时正是黑死病流行的高峰期。爱德华三世的妃子菲力伯的母亲，为预防女儿染上黑死病，便将迷迭香送给她。中世纪欧洲的病房中常常燃烧迷迭香，用香气净化空气。在匈牙利，女王曾用迷迭香沐浴治疗风湿。在意大利，举行婚礼时，迷迭香被编织成花冠戴在新人头上，代表忠贞。除此之外，意大利人也会在丧礼仪式上将小枝的迷迭香抛进死者的墓穴，表示对死者的敬仰和怀念。

紫罗兰

迷迭香

养生功效：（1）改善循环。迷迭香茶能够有效促进血液及淋巴循环，提高人体自身免疫力，具有较强的升血压作用，能改善因低血压引起的头晕、头痛等症状。

（2）醒脑解痛。迷迭香具有抗疲劳的功效，能释放压力、舒缓熬夜或睡眠不好引起的头痛，增强脑部功能，增强记忆力。

禁忌：高血压患者及孕妇忌用。

13. 薄荷

薄荷

别称：卜荷、仁丹草、人丹草、眼睛草、野息草、鱼香草、藩薄荷、香草王子。唇形科薄荷属，多年生宿根性草本。香味具有强烈的穿透力，可清凉醒脑。

花草史话：传说薄荷的原名出自希腊神话。冥王哈迪斯（Hades）爱上了美丽的精灵曼茜（Menthe），冥王的妻子佩瑟芬妮（Persephone）十分嫉妒。为了使冥王忘记曼茜，佩瑟芬妮将她变成了一株不起眼的小草，长在路边任人踩踏。可是内心坚强善良的曼茜变成小草后，她身上却拥有了一股令人感觉舒服的清凉迷人的芬芳，越是被摧折踩踏芬芳就越浓烈。虽然变成了小草，她却被越来越多的人喜爱。人们把这种草叫薄荷（Mentha）。西欧有些地方的人如果喜欢某人，会送给他（她）一盆薄荷，表达赞美与欣赏对方美德的意思。在美国得克萨斯州，某些人家门前会摆放一瓶薄荷鲜叶，表达欢迎客人光临之意。

养生功效：（1）提神醒脑、杀菌除味。春夏时节，困乏时饮一杯薄荷茶，可令全身精神振奋；用薄荷茶漱口，可有效消除口腔异味，并能有效杀灭口腔细菌。

（2）促进消化。薄荷能促进消化，减少肠道胀气，消除因暴饮暴食或消化不良引起的恶心、胃灼热等不适感觉。

禁忌：孕妇及哺乳期妇女不宜大量饮用。

14. 薰衣草

别称：爱情草、香浴草、黄衣草、宁静的香水植物、香草女王、芳香庭院女王。唇形科薰衣草属，多年生常绿小灌木状草本。香味优雅温和，有淡淡的木质香。

花草史话：在中世纪的欧洲，人们饮用薰衣草花浸制的酒来缓解腹部绞痛。古罗马人用薰衣草来沐浴，随后传播到整个欧洲，现在在欧洲仍随处可见许多的薰衣草园。欧洲有个民间习俗，带一小袋干薰衣草在身上，可以帮你找到梦中情人。用薰衣草来熏香新娘礼服以及在婚礼上撒薰衣草的小花，可以带来幸福美满的婚姻。欧洲人还习惯将薰衣草花袋放入衣柜，不仅可以防虫，还能使衣物略带香味。法国普罗旺斯的迪纳会在每年8月的第一周举行薰衣草节，进行花车游行等庆祝活动。

养生功效：薰衣草可以缓解神经紧张，怡情养性，具有安神、促睡眠的功效，还能提高记忆力；能促进消化，对消解肠胃胀气、恶心有很好的效果；加速毛细血管血液循环，

薰衣草

稳定血压；对消除青春痘也有意想不到的效果；能够消除肌肉酸痛、缓解头痛、偏头痛等症状，缓解女性经期疼痛；在临时性处理伤口、清洁空气、预防病毒性传染病等方面也有应用。

禁忌：孕妇忌用。低血压患者不宜过量饮用。

15. 茉莉花

别称：木梨花、抹丽花、波斯茉莉。木樨科茉莉属，多年生常绿灌木或藤本。香味甜美。

花草史话：据《本草纲目》记载：茉莉，叶能镇痛；花清凉解表，可治外表发热、疮毒等；根具有生物碱，可致人昏迷，有麻醉、镇痛等功效。传说神医华佗施行外科手术所用的麻沸散中就有茉莉根成分。而据《乾淳岁时记》记载，清代帝王及臣妃们避暑纳凉时，常集中数百盆茉莉花于广庭，鼓以风轮，使得满殿皆是清凉香气。菲律宾、印度尼西亚等国把茉莉定为国花。有客来访时，主人会将茉莉花结缀成花环挂到来宾脖子上，以示亲善与尊敬。青年人则用茉莉花向对方示爱。

茉莉花

桂花

养生功效：（1）润肺止咳。茉莉茶能改善肺部血液循环，增强肺活量，改善因气管敏感、发炎引起的咳嗽，还能清新口气。

（2）缓解痉挛。茉莉茶对肠胃痉挛有较好的辅助疗效。

（3）安神醒脑。茉莉花的香气可以消除精神疲劳，改善紧张情绪，提振精神，增强机体应对复杂环境的能力。

（4）改善内分泌。常饮茉莉茶，可以改善女性内分泌，滋润肤色，调理月经失调。

禁忌：孕妇不宜长期饮用。

16.桂花

别称：月桂、木樨、金桂、银桂。木樨科植物木樨的干燥花。秋季9~10月花开时采收。

花草史话：《本草纲目》中说，“桂花可收茗，浸酒，盐渍，及作香擦发泽之类”。中国用桂花制作食品有着悠久的历史，如桂花酒、桂花酱、桂花茶、桂花糕等。屈原《九歌》曾写道“援北斗兮酌桂浆”，“桂浆”就是添加桂花而酿制的美酒。汉代时，人们用桂花酒来敬神祭祖后，晚辈们向长辈敬桂花酒，长辈喝下能延年益寿。

养生功效：（1）温中散寒、暖胃止痛。适用于胃寒疼痛、消化不良、胸闷嗳气，可消除胃胀气，是中医治疗胃病的常用药，适合胃功能较弱的老年人饮用。

（2）去口臭、止咳化痰。可杀灭口腔中的细菌，去除胃热引起的口臭，治疗牙疼；可解除口干舌燥的困扰，能润喉、消肿，治疗咳嗽、哮喘。

（3）美白养颜。《本草纲目》中记载桂花“能养精神，和颜色，久服轻身不老，面生光华”。桂花有美白、润肠通便、排除体内毒素的作用，能滋润皮肤，增加皮肤弹性，可改善皮肤干燥的情况，自古就是女性美颜的佳品。

17. 金盏菊

别称：金盏花、黄金盏、长生菊、醒酒花、常春花、水涨菊、山金菊。菊科植物金盏菊的全草。春夏时节采收。

花草史话：金盏菊原产于地中海沿岸，橙色的花朵如同金色阳光般鲜亮，是欧洲人最喜爱的香草之一，曾被奉为神圣之品。金盏菊在欧洲一般作为单一花草来泡茶饮用，在西方国家非常盛行这种喝法。金盏菊在西方还被用于治疗疾病，以它的天然成分对抗瘟疫和黑死病。《云南中草药》记载金盏菊有“清热解毒，活血调经”的功效。

养生功效：（1）强力润肤。金盏菊花瓣中含有一种名为“苹果酸”的物质，能够轻易地溶解黏结在死细胞之间的“胶黏物”，去除皱纹和斑点，使皮肤嫩白光泽有弹性。

（2）清肝明目、减少黑眼圈。金盏菊能美目，常喝能喝出明亮双眸。金盏菊精油加在眼霜中，轻柔地按摩眼周皮肤，可以起到促进血液循环、舒缓眼部疲劳、减少黑眼圈的作用。适合经常熬夜的女性或者黑眼圈比较严重者。

（3）调理脾胃、改善肤色晦暗。中医认为，脾胃为人体后天之本，是气血之源。脾胃功能差，体内气血不足，皮肤失养，面部就晦暗无华，没有光泽。金盏菊归大肠经，能促进胃肠功能，改善食欲，

金盏菊

补充人体气血，从而濡养皮肤，使皮肤光亮有质感，改善暗沉肤色。

18. 千日红

别称：圆仔花、火球花、千金红、沸水菊、长生花等。苋科植物千日红的干燥花。夏、秋二季花开时采收。

花草史话：千日红原产热带美洲。其花开后不败，红色经久不退，花期很长，从6月开到10月，故称“百日红”。中国古书《花镜》和《植物名实图考》记载：“千日红本高二三尺，茎淡紫色……夏开深紫色花，千瓣细碎，圆整如球，生于枝梢”。《南宁市药物志》：“清肝明目，散结消瘿。治瘰疬初起，肝热目痛，血压高头痛”。《广西中药志》：“花序凉血消肿，止痉咳。”

养生功效：（1）滋润肌肤。用千日红煎水洗脸，能防止皮肤干裂，令肌肤白嫩红润。尤其适合冬季使用。

（2）消炎祛斑。千日红调整内分泌的

功效较强，能显著治疗因内分泌紊乱引起的黄褐斑、雀斑、暗疮等问题。

（3）疏通经络、滋润颜色。女性秋冬季节由于燥气和寒气入侵，会导致经络堵塞，气血运行不畅，脸色暗淡。千日红凉血通经，能迅速补充人体气血，让你面露红润。

19. 百合花

别称：山姜、尾参、山玉竹、萎香、女萎、玉术、葳蕤、蕤参、竹节黄。百合科植物百合、卷丹或细叶百合的干燥花蕾。纯洁高雅，香气怡人。秋季花开时采收。

花草史话：百合花素有“云裳仙子”之称，被认为是爱情的象征，寓意“百年好合”，是赠送爱人以及祝福夫妻婚姻美满常用的花草。百合花是一种观赏药用兼备的花卉。《滇南本草》认为百合花“止咳嗽，利小便，安神，宁心，定志。味甘者，清肺气，易于消散；味酸者，敛肺”。《要药分剂》认为百合“润肺清火”。

养生功效：（1）亮白肌肤、防皱抗皱。百合花洁白如玉，光鲜亮丽，质润多汁，鲜品富含黏液质及维生素，对皮肤细胞新陈代谢有益，能使皮肤亮白光泽有弹性。

（2）清心安神。百合花归心经，能泄除心火，清心安神，还有帮助消化的作用。另外，百合花的营养物质中有着较好的镇静作用，能有效缓解烦躁的情绪、改善睡眠。

（3）补中益气、强身健体。百合含有很多种生物碱，能有效防止白细胞减少，并促进血细胞的升高，对癌症的治疗起到了辅助作用。常食百合，能强身健体、延缓衰老、延年益寿。

千日红

百合花

应季喝茶最养人

茶叶因种类不同，其功效和性能也各异，比如绿茶偏良性，对清火解热有特别功效；红茶性温，可养胃暖身；乌龙茶中性，适合大多数人饮用；黑茶减脂助消化，适合需要减脂的人饮用……在了解了茶性的基础上，根据四季的寒热温凉变化合理饮茶，对于养生保健具有事半功倍的效果。

春季养生宜喝哪些茶

春季乍暖还寒，病菌时常侵袭，很容易发生流感、咳嗽等病菌和病毒性疾病。茶叶中的多酚类物质有抗菌消炎的作用，春季喝茶能有效预防和治疗病菌性疾病，促进全家身体健康。

春季宜喝菊花、茉莉、桂花等花茶。花茶性温，春饮花茶可以散发冬季积郁于人体之内的寒气，促进人体阳气生发。花茶香气浓烈，香而不浮，爽而不浊，令人精神振奋，提高人体功能，缓解春困带来的不良影响。花茶甘凉而兼芳香辛散之气，有利于散发积聚在人体内的冬季寒邪，令人神清气爽、精神状态达到最佳。

菊花、茉莉花、桂花既是中国特有的花茶种类，又属于适合泡茶饮用的中药。菊花茶能抑制多种病菌、增强微血管弹性、减慢心率、降低血压和胆固醇；茉莉花茶，有清热解暑、健脾安神、宽胸理气、化湿、治痢疾、和胃止腹痛的功能；桂花茶具有解毒、除口臭、提神、解渴、消炎祛痰、治牙痛、滋润肌肤、促进血液循环的作用。

另外，热性体质者春季也可以多饮绿茶，能缓解春阳生发带来的火气。

春季是新茶上市的季节，但是饮用新茶不可操之过急，新茶饮用的量要控制好。因为新茶中有一部分芳香物质需要放置一段时间才能出味，而且新茶中有些物质对身体有不良影响，需要放置一段时间进行氧化，否则长时间喝新茶，有可能出现腹泻、腹胀等不适反应。

菠萝香蜜茶

材料：红茶包2包，菠萝片2片，菠萝汁少许，淡盐水适量，柠檬皮丝3根。

泡法：将菠萝片切丁，放在淡盐水中浸泡一会儿，捞出备用。锅中放凉水与红茶包用小火加热，煮沸后1分钟即可关火。取出红茶包，将茶水倒入杯中，待凉后，加入菠萝丁、柠檬皮丝以及菠萝汁搅拌几下即可。

决明双花茶

材料：玫瑰花5克，金银花3克，决明子10克。

做法：将决明子稍微冲洗一下，沥干备用。将决明子、金银花和玫瑰花一同放入茶壶中，冲入700升的沸水，加盖浸泡5分钟。散发香气后，倒入杯中饮用即可。

功效：此款茶能补水除皱、滋润面部肌肤，使皮肤恢复健康光泽。另外，还具有清肝明目、清心祛火的功效，解决口干舌燥、眼睛干涩等问题。

三花陈皮草茶

材料：金银花、玫瑰花、茉莉花各3克，陈皮、甘草、绿茶各2克，冰糖适量。

做法：将玫瑰花、茉莉花、金银花、陈皮、甘草、绿茶混合后，用沸水500毫升冲泡10分钟即可。可以依据个人口味加入冰糖调味。

功效：此款茶能消炎收敛、散瘀止痛，适用于急性或慢性肠炎等症。

三花茶

材料：金银花15克，菊花10克，茉莉花3克，冰糖适量。

做法：将三花放入杯中，倒入1 000毫升沸水，盖上盖，闷5分钟即可。可根据个人口味加入冰糖调味。

功效：此茶具有清热解毒的作用。适用于风热感冒见发热、微恶风寒、汗出、鼻塞无涕、咽喉肿痛等症状。

茉莉花茶

材料：茉莉花5克，白糖适量。

做法：将茉莉花洗净。将洗净的茉莉花和白糖一同放入壶中，加500毫升沸水浸泡。待5分钟后，去渣饮用。

功效：此款茶香气雅致，可定心安神，能够理气和中、抗菌消炎、止痢解毒。

杞菊蜂蜜茶

材料：枸杞子5克，菊花15克，蜂蜜适量。

做法：枸杞子洗净，和菊花放入杯中，冲入热水，闷泡10分钟左右。闷泡后用蜂蜜调味即可。

功效：本品甘甜，有清热解毒之效，适合春季保肝润肺。

杞子绿茶

材料：枸杞子15克，绿茶3克。

做法：将枸杞子和绿茶放入杯中。用沸水冲泡，趁热饮用即可，可在春季每日多次饮用。

功效：每日多次饮用，不但能益肝明目、补肾润肺，也能祛风发汗，减轻春季感冒引起的咳嗽、气喘等症状。

柠檬绿茶

材料：绿茶适量，葡萄10粒，菠萝2片，鲜柠檬2片，蜂蜜适量。

做法：将绿茶放入杯中，用开水冲泡，静置7～8分钟。将菠萝切片与葡萄一起榨成汁。将果汁、蜂蜜、鲜柠檬片和绿茶同时倒入玻璃杯中，搅拌均匀即可。

功效：柠檬绿茶性质温和，春季饮用能促进新陈代谢和血液循环，更新老化角质层，令肌肤变得更加光滑、白皙。

菊花清热绿茶

材料：菊花10克，绿茶5克，白糖适量。

做法：将菊花和绿茶一同放入茶杯中，加适量沸水冲泡。盖上杯盖，浸泡20分钟后，调入白糖，代茶饮用。

功效：散风清热，宁神明目。适于春季忽冷忽热、气候干燥所致的肝火目赤头痛及伤风等人群饮用。

饮用禁忌：脾胃虚寒者不宜饮用。

百合莲子养肝和胃茶

材料：百合4克，莲子（干）4克，银耳4克，红枣4克，白糖适量。

做法：百合、银耳放入温水中，泡发。莲子放入砂锅中，加水煎煮至半熟透，沥掉水分，在锅中放入百合和红枣，再重新加水煎煮。待三种茶材都煮烂后，放入银耳和白糖，溶解后，代茶饮用。

功效：养肝和胃，润肺止咳，适于春季养生饮用。

饮用禁忌：风寒咳嗽、虚寒出血者不宜饮用。

夏季养生宜喝哪些茶

夏季天气炎热，万物生长，生机盎然。但夏季多火多湿，气候炎热。“暑”、“湿”是夏季气候的特点。根据这一特点，古人将整个夏季又分盛夏和长夏。暑热的时节即为盛夏，这是火的季节，通应于心，人体阳气最盛。夏秋之交，暑热肆虐、气候潮湿的时节即为长夏，这是湿的季节，通应于脾。因此，夏季茶疗不离清热、化湿、清心补脾之法。

夏季宜饮龙井、毛峰、碧螺春等绿茶。绿茶具有消热、消暑、解毒、去火、降燥、止渴、生津、强心提神的功能。绿茶绿叶绿汤，清鲜爽口，滋味甘香并略带苦寒味，富含维生素、氨基酸、矿物质等营养成分，饮之既有消暑解热之功，又具增添营养之效。此外，绿茶还有消食化痰、使轻度胃溃疡加速愈合的功效；还有降血脂、防血管硬化等药用价值。绿茶冲泡后水色清冽，香气清幽，滋味鲜爽，夏日常饮，清热解暑，强身益体。夏季保存绿茶时，应放在阴凉干燥处，最好是将茶叶装在密封容器中，然后放入冰箱低温保存。

白茶由于在绿茶的基础上轻微发酵，保留了大部分绿茶的营养成分，也适合在夏季饮用。白茶滋味清淡回甘，觉得绿茶口感微重的人不妨喝些白茶。白毫银针、白牡丹都是白茶中的极品。白茶性凉，有清热降火的功效，还可养心、养神、养气，也是夏季茶饮中的佼佼者。夏季喝茶还要因人而异，体质各异饮茶也有讲究。燥热体质的人，应喝凉性茶。肠胃虚寒，平时吃点苦瓜、西瓜就感觉腹胀不舒服的人或体质较虚弱者（即虚寒体质者），应喝中性茶或温性茶。老年人适合饮用红茶及普洱茶。

夏季天气炎热，也很适合饮用冰红茶、冰绿茶，其制作的方法很简单：把新鲜的茶叶放入矿泉水瓶，夜里放入冰箱，经过一夜浸泡，第二天就可以饮用。

薄荷绿茶

材料：绿茶适量，薄荷5～6片，冰块、糖水、蜂蜜、柠檬汁各适量。

做法：1.将绿茶用沸水冲泡好，滤取茶叶备用。2.将冰块加入带盖的杯中，依次加入蜂蜜、薄荷、糖水，最后将绿茶倒入杯内，盖上杯盖，用振摇法来回摇动8～10次即可。3.可依据个人口味加入柠檬汁。

功效：口感清凉爽口，祛暑降温。

薄荷醒脑茶

材料：薄荷5克，绿茶3克，白糖适量。

做法：薄荷叶洗净，沥干备用。茶壶中放入绿茶、薄荷及白糖，以沸水冲泡，静置2分钟后，即可装杯饮用。

功效：此款茶能令人精神振奋，提高工作效率。

薄荷菊花茶

材料：薄荷10克，菊花5克，茶叶3克。

做法：将薄荷、菊花用清水洗净，与茶叶一同放入杯中。倒入500毫升沸水，盖上盖，浸泡5分钟后即可饮用。

功效：薄荷、菊花可疏散风热、清利头目，茶叶可提神。此款茶具有解乏的功效，尤其适合工作中的白领饮用。此外还能治疗风热感冒、头目不清、头晕等症。

苹果绿茶

材料：绿茶包1个，苹果1/2个，柠檬片1个，冰块、蜂蜜各适量。

做法：1.苹果洗净，去皮、去核，切成小丁；柠檬洗净、切片备用。2.将绿茶包与苹果丁一起放入杯中，用沸水冲泡，并加盖闷10分钟左右。3.泡好茶后，取出茶包，按自己口味取适量柠檬片挤出汁，滴入茶中，调入少量蜂蜜，并加入适量冰块搅拌几下即可。

蜜梨绿茶

材料：绿茶5克，蜜梨1个，冰糖适量。

做法：1.绿茶用沸水冲泡10分钟。2.蜜梨洗好，去核，切成小块，与500毫升凉开水一起放入榨汁机中榨汁；榨好汁后沥出渣滓。3.泡好茶后，滤出茶叶，将果汁加入泡好的茶水中，按自己的口味调入冰糖即可。

芦荟金银花茶

材料：芦荟3厘米，金银花5克。

做法：将金银花洗净，用沸水冲一遍，芦荟洗净备用。将洗净的金银花和芦荟一同放入杯中，冲入500毫升的沸水。浸泡约3分钟后，即可饮用。可回冲2～3次，回冲时需要浸泡5分钟。

功效：此款茶能够美白肌肤、清热祛火、消炎解毒。

话梅绿茶

材料：绿茶包1个，话梅2颗，冰糖、青梅汁各适量。

做法：1.锅中置水加热，煮化冰糖，将绿茶包放入锅中煮5分钟取出，再将茶水倒入事先准备好的杯中。2.放入话梅以及青梅汁搅拌均匀即可。

冰红茶

材料：红茶包1个，冰块120克，冰糖适量。

做法：1.在茶杯中放入红茶包，注入沸水，盖上杯盖，闷置5分钟左右。2.取出红茶包，加适量冰糖搅拌。3.待冰糖溶解后，加入冰块，一杯晶莹剔透的冰红茶就完成了。

功效：夏天饮冰红茶能止渴消暑，茶中的多酚类、氨基酸、果胶等刺激唾液分泌，滋润口腔，从而产生清凉感。

乌梅大枣茶

材料：绿茶3克，乌梅10克，五味子5克，大枣10克（剖开）。

泡法：将所有材料同放入茶杯中，以沸水冲泡盖浸片刻，服饮。一日1剂。

功效：生津止渴，敛肺止咳。适于“苦夏”症及肺虚喘咳等。苦夏，亦即“疰夏”，为阴虚之症，多发生于春末夏初，病人常感头晕、头痛，身体倦困，想打呵欠，脚软无力，体热食欲不振，心烦自汗等。

秋季养生宜喝哪些茶

秋天，天高云淡，金风萧瑟，花木凋落，气候干燥，令人口干舌燥，嘴唇干裂，中医称之“秋燥”，这时宜饮用乌龙、铁观音等乌龙茶以及君山银针、霍山黄芽等黄茶。

乌龙茶，属半发酵茶，介于绿茶、红茶之间。其性适中，也介于两者之间，不寒不热，温热适中，适合秋天气候，常饮能润肤、益肺、生津、润喉，有效清除体内余热，让机体适应自然环境的变化。乌龙茶汤色金黄，外形肥壮均匀，紧结卷曲，色泽绿润，内质馥郁，其味爽口回甘。冲泡后可看到叶片中间呈青色，叶缘呈红色，素有“青叶镶边”美称，既有绿茶的清香和天然花香，又有红茶的醇厚滋味。

黄茶在沤的过程中会产生大量的消化酶，对脾胃最有好处，秋季正是养胃的好时节，有消化不良、食欲不振情况的就可喝黄茶来调理。黄茶抗菌消炎效果非常好，秋季正是细菌、病毒开始高发的季节，喝点黄茶，可有效预防流感及其他传染性疾病。

另外，根据传统中医理论，秋季天干物燥，燥邪为主，就极易形成津枯便秘，宿便积累，从而产生体内毒素。土茯苓、沙参、淮山药等中药茶材，能清除肠道宿便和各种堆积毒素，散内火、去内热，是秋季养生的不错选择。每天午饭后，不要马上投入到紧张的工作中去，给自己留下10分钟时间，泡上一壶清新的健康茶，既帮助了饭后消化，又在茶香中放松了心情。

在秋天要远离浓茶，应多喝菊花茶。茶里的茶碱有利尿作用，喝浓茶会加快人体水分流失，因此加重人的内热、上火症状。

秋菊清心茶

材料：杭白菊5克，麦冬5克，百合5克，红茶适量，冰糖少许。

做法：1.将杭白菊、麦冬、百合、红茶一起放入壶中，用沸水冲泡，静置10分钟后即可。2.可根据个人口味加入适量冰糖调味。

功效：此茶具有清肝泻火、滋阴润燥、宁神养心的疗效。

桂花茶

材料：干桂花5克，冰糖适量。

做法：1.将干桂花用水冲洗一遍，沥干，放入杯中，倒入200毫升的沸水，冲泡3分钟，即可饮用。2.可根据个人口味加入冰糖调味。

功效：桂花气味甜香，冲茶喝有化痰、止咳、生津、止牙痛等功效，能美颜防衰。

桂花甘草茶

材料：桂花5克，甘草3克。

做法：将桂花和甘草用沸水冲一遍备用。将洗净的桂花和甘草一同放入杯中，冲入500毫升的沸水；浸泡约5分钟后，即可饮用。可回冲2～3次，回冲时需要浸泡5分钟。

功效：此款茶能够缓解压力、释放身心、抵抗衰老。桂花还有降血压、缓解女性闭经腹痛的功效。

茉莉乌龙茶

材料：茉莉花8克，石菖蒲6克，乌龙茶4克。

做法：将茉莉花、石菖蒲、乌龙茶一起研成细粉。用沸水冲泡，随时饮用。

功效：每日一杯，有理气化湿、安神等疗效，可用于冠心病、心绞痛的辅助治疗。

芦荟茶

材料：芦荟3厘米，蜂蜜适量。

做法：将芦荟洗净，去掉外皮后，把透明的叶肉切成丁。锅中倒入清水烧沸，将火调成中火，放入芦荟煮10分钟；当叶肉变成半溶解状态时，盛出，加蜂蜜调味即可饮用。

功效：芦荟能清除体内代谢废物，具有解毒、消炎的功效。

橘皮姜茶

材料：橘皮、生姜各5克，红糖适量。

做法：锅中加入500毫升水煮沸，将橘皮和生姜放入，小火煮5分钟。加红糖调匀，即可饮用。

功效：除菌化痰，有效预防和治疗秋季气候干燥、寒气入侵引起的感冒、咳嗽等。

蜂蜜柚子茶

材料：胡柚1个，蜂蜜200克，冰糖适量。

做法：用温水清洗胡柚，并浸泡柚子5分钟左右，让胡柚皮的孔充分张开。胡柚晾干后，最外面的黄皮和里面的白瓤切成丝；胡柚肉切成小块，放入搅拌机中粉碎。锅中放适量水与冰糖，用小火煮沸，放入胡柚黄皮丝、白皮丝以及胡柚肉，小火煮30分钟，其间要不停搅拌成黏糊状，凉凉后加蜂蜜调味，饮时用沸水冲泡即可。

蜂蜜乌龙茶

材料：乌龙茶10克，蜂蜜适量。

做法：1.将乌龙茶倒入事先准备好的紫砂壶中，将沸水倒入壶中后，随即倒出，以润茶香。2.再用沸水冲泡茶，并闷泡3分钟左右；滤出茶汁，按个人口味调入蜂蜜即可。

参芪茶

材料：西洋参2克，黄芪1克，杭白菊2克，绿茶少许。

做法：1.将绿茶冲泡好。2.将西洋参、黄芪、杭白菊依次趁热放入茶中，加盖闷泡，约10分钟后即可饮用。3.每天1剂。

功效：可去除秋燥，滋阴补肾、益气养肝。

芝麻木耳去燥茶

材料：黑芝麻8克，黑木耳4克，白糖适量。

做法：黑木耳放入温水中，泡发，备用。黑芝麻放入炒锅中，炒香。将此两味茶材一同放入砂锅中，加水煎煮。煮沸后，调入白糖，代茶饮用。

功效：补肝肾，润五脏。适于秋季肺燥人群饮用。

饮用禁忌：有出血性疾病及腹泻者不宜饮用。另孕妇也不宜多饮。

水梨润肺茶

材料：水梨3个，蜂蜜适量。

做法：水梨用清水洗净，带皮切成块状，然后将其放入砂锅中，加水煎煮。煮沸后，调入蜂蜜，代茶饮用。

功效：生津止渴，润肺清心，消痰止咳。适于热病伤津烦渴、消渴症、口渴失音等人群饮用。

饮用禁忌：脾胃虚寒、畏冷食少者不宜饮用。

冬季养生宜喝什么茶

冬天，天寒地冻，万物蛰伏，寒邪袭人，人体生理功能减退，阳气渐弱，对能量与营养要求较高。中医认为，时届寒冬，万物生机闭藏，人的机体生理活动处于缓慢状态。养生之道，贵乎御寒保暖，因而冬天喝茶以红茶为上品，宜喝祁红、滇红等红茶和普洱、六堡等黑茶。

红茶甘温，可养人体阳气，提高抗病能力。红茶含有丰富的蛋白质和糖类，冬季饮之，能够强身补体、善蓄阳气、生热暖腹，从而增强人体对冬季气候的适应能力，增强人体的抗寒能力。此外，冬季人们的食欲大增，进食油腻食品增多，饮用红茶还可去油腻、开胃口、助养生，使人体更好地顺应自然环境的变化。红茶干茶呈黑色，泡出后叶红汤红，醇厚干温，可加牛奶、糖，芳香不改。黑茶有近乎红茶之效，冬季也适合饮用。冲泡红茶，宜用刚煮沸的水冲泡，并加以杯盖，以免使香味逸失。英国人普遍有饮午后茶习惯，常将祁红和印度红茶搭配，再加牛奶、砂糖饮用。在中国一些地方，也有将红茶加糖、牛奶、芝麻饮用的习惯，这样既能生热暖腹，又可增添营养，强身健体。

冬季也是进补的时节，可以根据自己身体情况，适当搭配喝些中药补茶。如冬季易发生感冒、咳嗽等流行性疾病，喝点姜茶可以去除寒气，橘红茶、银耳茶有润肺止咳祛痰的功效，姜苏茶能疏风散寒、治疗感冒，板蓝根茶能治疗咽喉炎，并能预防和治疗流感。

有的人特别喜爱喝绿茶，但绿茶有寒性，冬季喝不太适宜。如果非要喝的话，要酌情少喝，喝的时候加上几颗红枣，这样就可以用红枣的热性来减轻绿茶的寒性，达到保护肠胃的效果。

冬天喝茶，首推红茶。红茶属于发酵茶，性甘温，可养人体阳气，含有丰富的蛋白质和糖，生热暖腹，增强人体的抗寒能力，还可助消化，去油腻。研究发现红茶可以减少中风和心脏病的发病率。中风和心脏病是冬季高发病，因此有心脑血管疾病的老人在冬季经常泡上一杯暖暖的红茶，不但可以暖身体，还可以达到防病的效果。此外，常用红茶漱口或直接饮用还有预防流感的作用，对于预防骨质疏松、降低皮肤癌发病率也有独到的作用。在红茶中加入牛奶，营养高，口感好。

姜糖红茶

材料：生姜10片，红茶适量，红糖少许。

做法：1.将红茶与生姜一同放入砂锅内，加适量的水煎煮10～15分钟，直至形成浓汁。2.加入红糖调味，搅匀即可。

功效：姜糖茶可以祛寒暖胃，非常适宜于寒意凝重、气温骤降的冬季饮用。

葡萄红茶

材料：红茶包1个，无核葡萄10粒，冰糖适量。

做法：1.在茶杯中放入红茶包，加入适量沸水，加盖浸泡10分钟。2.葡萄洗净，与500毫升凉开水一起放入榨汁机中榨汁；红茶泡好后，取出红茶包，将葡萄果汁倒入泡好的茶水中，加入适量冰糖即可。

功效：健胃利尿，益气补血，抗衰老。

椰香奶茶

材料：红茶包1包，椰汁120毫升，冰糖适量。

做法：1.茶壶中放入200毫升沸水，将红茶包放入其中闷泡5分钟。2.将椰汁和冰糖加入红茶中。3.把茶壶放在炉上再次煮沸，取出红茶包即可饮用。

山药百合茶

材料：山药20克，百合20克，浮小麦30克，红枣10颗，白糖适量

做法：1.将上述原料（白糖除外）加水共煎。2.煎煮20多分钟后过滤取汁。3.加少许白糖即可。

功效：山药补脾养胃、生津益肺、补肾收涩；百合养阴清热、润肺止渴、宁心安神。

乌龙滋补茶

材料：枸杞子适量，乌龙茶适量，桂圆肉6粒，红枣3～5颗。

做法：1.将枸杞子和乌龙茶放入壶中加水煎煮，至茶沸两次，去渣留汁。2.将桂圆、红枣加入壶中一起同煮，待红枣变软后即可。

功效：趁热饮用，可以生津、健脾补肾、益肝滋阴、补血补气。

参麦茶

材料：西洋参2克，麦冬2克，红茶适量。

做法：1.将以上材料放入壶中，用90℃左右的开水冲泡。2.静置10分钟即可饮用。此茶很适合男士饮用。

功效：有清热生津、止渴止汗、滋阴养肾、暖胃安神的保健效果。

生姜薄荷茶

材料：生姜5克，薄荷叶3片，太子参6克，绿茶10克，蜂蜜适量。

做法：1.生姜洗净后，切片或切丝；准备适量沸水。2.将生姜、薄荷叶、太子参、绿茶一起放入杯中，用沸水冲泡。3.盖好杯盖，闷泡5分钟左右，调入蜂蜜即可。

甘草杞子红枣茶

材料：甘草3片，枸杞子10粒，红枣3枚，红茶包1个，冰糖适量。

做法：1.甘草、枸杞子、红枣分别洗净。2.将甘草、枸杞子、红枣、红茶包放茶壶内，用热水冲泡，闷10分钟左右。3.加入冰糖调味即可（可多次加水冲泡后饮用）。

功效：口味甘甜，有暖胃、补血的功效，适合女性在冬季饮用。

牛奶红茶

材料：红茶8克，牛奶100毫升，方糖适量。

做法：1.用120毫升沸水冲泡红茶，加盖闷泡。2.5分钟后，倒出茶汤，滤去茶叶。3.在茶汤中加入牛奶和方糖即可。

白萝卜理气消食茶

材料：白萝卜30克，红茶5克。

做法：白萝卜用清水洗净，切成片状，放入砂锅中，加水煎煮至烂。茶叶放入茶杯中，加适量沸水冲泡5分钟，然后倒入萝卜汁中，代茶饮用。

功效：清热化痰，理气消食。适于冬季多食肥甘厚味所致的饮食不化、内郁化热者饮用。

饮用禁忌：脾胃虚弱者不宜饮用。

人参冬令进补茶

材料：人参片5克。

做法：将人参片放入茶杯中，加适量沸水冲泡。盖上杯盖，浸泡半小时后，代茶饮用。

功效：大补元气，补脾益肺，生津安神。适于神疲乏力、饮食减少、心悸等脾肺气虚人群饮用。

饮用禁忌：实证、热证而正气不虚者不宜饮用。

款冬百合润肺止咳茶

材料：款冬花15克，百合花30克，冰糖适量。

做法：将上述两味茶材一同放入砂锅中，加适量清水浸泡。半小时后，开大火煎煮。煮沸后，改小火继续煎煮片刻，取汁。如此反复煎煮两次，将两次的汁液混合，最后调入冰糖，代茶饮用。

功效：润肺止咳，适于秋冬咳嗽、支气管炎、哮喘等人群饮用，可缓解咳嗽、咽喉干痛等症状。

饮用禁忌：肺火燔灼及肺气焦满者不宜饮用。

Tips 喝茶也要讲究时宜

一般来说，作为饮料，饮茶的时间并没有严格的规定，但是，从保健的角度，饮茶的时间又很有讲究。空腹饮茶，尤其是饮浓茶，对胃有刺激作用，饭后立即饮茶又会冲淡胃液，不利于消化，因此，适宜的饮茶时间应该是：在早饭后半小时开始，冲泡一杯浓度适中的茶水，逐次冲饮，续泡2～3次后弃除茶渣，根据个人习惯可以再新泡一杯。午饭后半小时再新泡一杯茶，逐次冲饮，至晚餐前半小时。对茶敏感、饮茶后影响睡眠的人，晚间就不宜再喝茶，而对茶不敏感的人，晚饭后半小时还可以冲泡一杯茶，慢慢啜饮。

饮茶一方面可以不断补充水分，同时能保持体内茶叶有效成分茶多酚、茶氨酸、茶多糖等的浓度，可以有效地发挥茶叶解脂、降压和防癌的作用。一般来说，绿茶、红茶、花茶等细嫩茶叶，一天饮用量6～12克，根据各人身体状况和习惯分2～4次冲泡。乌龙茶、普洱茶一天饮用量12～20克，分2～3次冲泡。

认清体质喝对茶

按照体质来养生保健自古有之，喝茶也要对照体质选择。热性体质者容易燥热，出现便秘症状，体型较胖，适合饮用寒凉性质的茶叶，比如绿茶，也可以在茶饮中加入具有清火作用的材料，比如薄荷、菊花、蒲公英、荷叶、金银花等；寒性体质者表现为身体阳气不足，容易流清涕，身体稍虚胖，适宜饮用具有滋补暖身作用的茶叶，如红茶、黑茶，也可以加入玫瑰花、茉莉花、枸杞子等一同泡饮……如果所选的茶叶不适合自己的体质，则会加重此种体质的不适症状，引起不良反应。

热性体质宜喝哪些茶

体质特征

热性体质者最明显的症状就是喜冷喜寒，多穿一件衣服就燥热出汗；喜欢吃冰凉的食物或喝凉饮料，喜爱喝水但仍觉口干舌燥；爱吹风，喜空调；脸色通红、面红耳赤，脾气差且容易心烦气躁，全身经常发热又怕热；经常便秘或粪便干燥，尿液较少且偏黄，女性月经提前；失眠，脉搏多较快，体味较重。热性体质的人一般会有抽烟喝酒的习惯，

经常食用辛辣、刺激性食物，且体形较胖，高温天气容易上火。

适合的茶材

热性体质的人最宜饮用寒凉属性的茶，这样能起到清热去火的作用，同时能排除体内毒素，防止热毒在体内堆积，可润肠通便、缓和急躁情绪。热性体质茶饮可以做成凉茶，这样去热效果更好，与有去火效果的食物结合起来，能大大缩短调理体质的时间。适合用清热去火的茶材，如绿茶、决明子、荷叶、金银花、苦丁茶、乌龙茶、薄荷、败酱草、鱼腥草、山楂、夏枯草、菊花、蒲公英、生普洱茶、仙草、绿豆等。

不适合的茶材

虽然辛温燥热属性的茶对人体有大补的功效，但是热性体质的人要慎饮，否则会加重体内热毒的生发，使身体更加燥热，症状更严重。不适宜饮用温热辛辣刺激性的茶材，如生姜、桂圆、肉桂、黄芪、当归等。

金银花绿茶

材料：金银花5克，甘草1片，绿茶3克，冰糖适量。

做法：1.将金银花、甘草洗净，沥干备用。

2.将金银花、甘草、绿茶放入茶壶中，冲入沸水，浸泡5～10分钟。倒入杯中，可依个人口味适量加入冰糖调味。

功效：此款茶饮有清热解毒、消除肿痛、利尿、抗菌消炎之功效。

决明菊楂茶

材料：决明子20克，山楂、菊花各12克。

做法：1.决明子、山楂洗净备用；菊花用凉水稍冲一下备用。2.锅中放入800毫升水，煮沸后加入决明子、菊花和山楂煎煮10分钟即可。

功效：此款茶饮能够降血脂、降血压，同时可以促进消化。

金银青叶茶

材料：金银花15克，板蓝根12克，大青叶10克，菊花6克。

做法：将板蓝根、大青叶稍微用水冲洗一下，放入锅中，加入500毫升清水，煎煮3分钟。滤渣取汁后，将汤汁倒入放有菊花和金银花的茶壶中，静置3分钟后，即可饮用。

功效：此款茶有良好的清热解毒作用，能治疗多种炎症，抑制感冒病毒。

金莲薄荷茶

材料：金莲花5克，薄荷3克，薰衣草1克。

做法：将金莲花、薄荷、薰衣草清洗干净，放入杯中。倒入300毫升沸水，冲泡3分钟即可饮用。

功效：此款茶清热去火、清咽润喉、促进代谢，能够清除口腔异味，治疗牙周炎等病症，令嗓音更加清亮，还能够促进身体代谢、消除肿胀、排毒润肤。

百合款冬花茶

材料：百合花5克，款冬花3克，冰糖适量。

做法：将百合花和款冬花用沸水冲一遍，洗净，放入杯中，冲入500毫升沸水。浸泡约5分钟后，加入冰糖调味即可。可回冲2次，回冲时需要浸泡5分钟。

功效：此款茶能润肺下气、止咳化痰、增强免疫力、延缓衰老。

藕汁生地茶

材料：鲜藕300克，蜂蜜40毫升，生地黄10克。

做法：1.藕洗净，去皮后切成小丁。2.生地黄放入砂锅中，加适量水煎取80毫升药汁。3.将藕丁、蜂蜜、地黄汁混合后放入干净砂锅中，用微火稍煎即可。

功效：生地黄清热消炎、养阴生津，用于阴虚内热、骨蒸劳热、内热消渴、吐血、发斑发疹。

六味青草茶

材料：薄荷、桑叶、白茅根、仙草、六角英、菊花、冰糖各适量。

做法：将除冰糖外的所有茶材洗净，放入锅中，加水淹没茶材。大火煮沸后以小火慢煮30分钟，过滤去渣取汁，加入冰糖调味即可。

功效：此款茶饮清凉去火、消暑解渴，有改善肾脏疾病的功效，使人浑身舒畅。

苹果菊花茶

材料：苹果1个，白菊花3～5朵，蜜枣5～8颗，蜂蜜适量。

做法：苹果洗净，去皮、去核，切成小块；白菊花、蜜枣洗净备用。锅中加入适量水，将苹果块、蜜枣放入，大火煮沸，转小火慢煮30分钟，加入菊花继续煮10分钟，调入蜂蜜。

枸杞菊花茶

材料：黄菊花3～5朵，枸杞子10克，桑葚2～3粒，干红枣5颗，蜂蜜15毫升。

做法：锅中放水，加入黄菊花、枸杞子、桑葚、红枣。小火烹煮30分钟，加入蜂蜜即可。

决明枸杞茶

材料：决明子、绿茶各5克，枸杞子12～15粒，蜂蜜适量。

做法：将枸杞子、决明子分别洗净，与绿茶一起放入杯中。将准备好的沸水冲入杯中，并盖好杯盖闷泡，10分钟后调入蜂蜜即可。

寒性体质宜喝什么茶

体质特征

寒性体质最明显的症状就是身体的阳气不足，表现为畏寒怕冷、怕吹风、喜暖喜热、腹泻便溏、四肢容易冰冷等。一到秋冬季节便咳嗽流清涕，爱吃葱姜，不喜梨藕，舌淡苔白，津液较多，面色多青白或青黄，身体稍虚胖，脉搏较缓慢，小便颜色淡，大便常常不成形。寒性体质的女性还表现为白带多、月经常推迟且多有血块、面色苍白、怕冷且喜欢喝热水、舌苔多白润且舌质偏淡。不常喝水但也不会觉得口渴，或只爱喝热水；喜欢吃热食；常觉得精神虚弱且容易疲劳，早晨起来就犯困。寒性体质的人身体内部阴气过剩，导致阴阳失调，从而使人体对营养物质消化和吸收功能减弱，以致身体对热量吸收减少，身体呈寒性。寒性体质以女性居多，心情抑郁、营养不足以及不良作息也易导致后天形成寒性体质。

适合的茶材

寒性体质调理首要注意的是保暖，一杯热乎乎的茶能及时补充身体热量，促进血液循环；而热性的茶材能从根本上调理人体内的寒症，滋阴补阳，祛寒温中，散寒解表，使心肾阳气充足，气血充盈，促进发汗，有效减轻畏寒症状。脾胃虚寒的人应喝中性茶或温性茶，乌龙茶属于中性茶，红茶、黑茶属于温性茶。推荐茶材，还有玫瑰花、茉莉花、桂花、红茶、熟普洱茶、枸杞子、杏仁、生姜、人参、桂圆、桑葚、红枣、当归等。

不适合的茶材

寒性体质的人绝不能喝冰冷的饮料。绿茶属于凉性茶，寒性体质的人忌喝。黄茶属于半凉性茶，体寒症状轻的可适量饮用，但不建议长期喝。各种清热、清凉的茶饮，寒性体质的人都要避免，即使想减肥，也不宜选择苦寒的茶材。不适合的茶材还有冬瓜、苦瓜、苦丁茶、仙草等。

桂香姜奶茶

材料：肉桂棒1小根，姜5片，红茶5克，鲜牛奶300毫升，蜂蜜适量。

做法：1.将肉桂棒、姜片、红茶及鲜牛奶放入锅中，小火煮3～5分钟，同时搅匀。2.待姜和肉桂的香味散出后，将茶渣过滤，倒入杯中，再加入蜂蜜调味。

功效：有效缓解感冒初期的不适症状，促进血液循环，改善四肢冰冷的状况。

桂圆莲子茶

材料：莲子10粒，桂圆干20克，红枣5粒，乌龙茶适量，蜂蜜适量。

做法：1.将莲子用水煮熟，加入桂圆干、红枣和乌龙茶，稍稍加热即可。2.滤出茶汁，待水温稍降加入适量蜂蜜调味即可。

功效：安神，补血养颜，较适用于虚寒体质或贫血者。

玫瑰花蜜茶

材料：玫瑰花6朵，蜂蜜适量。

做法：将玫瑰花浸泡在清水中30秒，洗净，放入杯中，冲入500毫升的沸水。闷泡约5分钟后，加入蜂蜜即可饮用。可回冲2～3次，回冲时需要浸泡5分钟。

功效：此款茶能够美白祛斑、补水养颜、滋润肌肤。

茉莉乌龙茶

材料：茉莉花8克，石菖蒲6克，乌龙茶4克。

做法：将茉莉花、石菖蒲、乌龙茶一起研成细粉。用沸水冲泡，随时饮用。

功效：每日一杯，有理气化湿、安神等疗效，可用于冠心病、心绞痛的辅助治疗。

玉蝴蝶桂花茶

材料：桂花7克，玉蝴蝶5克。

做法：将玉蝴蝶和桂花用沸水冲洗一遍，一同放入杯中，冲入500毫升的沸水，浸泡约10分钟后，即可饮用。可回冲2～3次，回冲时需要浸泡5分钟。

功效：此款茶能够补充肌肤水分、美白嫩肤、延缓皮肤衰老。

人参保健茶

材料：人参5克，五味子10克，红茶7克。

做法：1.将人参、五味子洗净、捣烂，与红茶一起放入茶壶中。2.倒入沸水冲泡5分钟，滤渣取汁。

功效：此茶有补中益气、补五脏、明目、益智、补身强体的功效。

八宝茶

材料：杏仁3克，红茶5克，栗子、花生仁、红枣、枸杞子、核桃仁各10克，白糖适量。

做法：1.将杏仁、栗子、花生仁、红枣、枸杞子、核桃仁洗净，沥干备用。2.将以上材料放入研钵中，加入红茶及白糖研磨成粗末。3.锅中加水煮沸，加入研磨好的粗末煮约5分钟，过滤去渣取汁即可。

生姜红茶

材料：生姜4片，红糖1勺，小袋装红茶1包。

做法：1.将生姜洗净切片，放小锅中加适量水，加热煮沸。2.取红茶包放入杯中，倒入姜汤泡4分钟左右，其间反复提拉红茶袋几次，加入红糖搅拌均匀即可饮用。

功效：生姜有活血化瘀、辛温散寒等作用，尤其适合寒性体质。

实性体质宜喝哪些茶

体质特征

实性体质最明显的特征是：身体的排毒功能较差，内脏有积热，小便为黄色、量少且经常便秘，火气大；身强体壮，体力充沛而无汗，对病邪仍具有扑灭能力，抗病力强；活动量大、声音洪亮、精神佳、肌肉有力；脾气较差，心情容易烦躁，会失眠；舌苔厚重，有口干、口臭现象，呼吸气粗，容易腹胀，气候适应能力强，不喜欢穿厚重衣服。实性体质以男性居多，特别是身体强壮、肌肉壮硕的男性。一般实性体质的饮食过于精细，虽体内主要营养素并不缺乏，但是需要提高微量元素、膳食纤维的供给，加强机体的排毒能力。

适合的茶材

实性体质的人日常调理的根本是把体内的毒素排出去。因此选择的茶饮要以能排毒的寒凉性茶饮为首选，温性的茶饮也可以。适时适量地补充水分对实性体质的人来说非常重要，喝茶则是一个既能排毒，又能补水的好方法。有润肠通便作用的茶饮也很适合实性体质的人饮用，能改善便秘状况，加强排毒效果。推荐苦寒属性茶材，如绿茶、苦丁茶、黄连、金银花、蒲公英、仙草、芦荟、洋甘菊、柠檬草、菊花、荷叶、番泻叶、鼠尾草、洛神花、薄荷、山楂、绿豆、薏米、郁李仁等。

不适合的茶材

实性体质者饮用燥热性茶饮，会造成便秘、汗排不畅、病毒积在体内，反而引起高血压、发炎、中毒等病症，因此实性体质者不适合燥热属性茶材，如肉桂、松子仁、姜、桂圆、黄芪、山药、阿胶、何首乌、枸杞子等。

干莲花绿茶

材料：干莲花6克，绿茶3克。

做法：1.将所有材料放入壶中，注入500毫升沸水，静置2分钟后装杯饮用。2.可重复回冲至茶味渐淡。

功效：此茶有清心除烦、抑制口舌生疮等功效，为夏季消暑上佳饮品。

金莲花蜜茶

材料：金莲花5克，蜂蜜适量。

做法：将金莲花先用沸水冲一遍；将洗净的金莲花放入杯中，冲入500毫升的沸水。浸泡约5分钟后，加入蜂蜜调味即可饮用。可回冲2～3次，回冲时需要浸泡5分钟。

功效：此款茶能够增强人体的摄氧能力，增强免疫力，延缓衰老。

薏米冬瓜仁茶

材料：薏米30克，冬瓜仁30克，冰糖适量。

做法：1.薏米洗净，凉水浸泡8小时；冬瓜仁洗净，沥干备用。2.锅中加500毫升水烧至沸腾，将薏米、冬瓜仁放入，待薏米煮烂后，加入适量冰糖稍煮片刻，过滤饮用即可。

功效：此道茶饮有降血压、降血糖，消除水肿及利尿的作用。

洋甘菊甜茶

材料：洋甘菊5克，冰糖3克。

做法：将洋甘菊用沸水浸泡30秒后洗净备用。将洗净的洋甘菊和冰糖一同放入杯中，冲入500毫升的沸水。浸泡约5分钟后，即可饮用。可回冲2～3次，回冲时需要浸泡5分钟。

功效：此款茶能消炎美白、滋润肌肤、改善皮肤问题。

洋甘菊菩提茶

材料：洋甘菊4克，菩提叶1片，玫瑰花3克，红糖或蜂蜜适量。

做法：将洗净的玫瑰花、菩提叶和干燥的洋甘菊放入壶中，倒入500毫升沸水，闷10分钟后，倒入杯中即可。可酌情加红糖或蜂蜜饮用。

功效：洋甘菊可明目、退肝火，治疗失眠，提高皮肤免疫力。

洛神茉莉茶

材料：洛神花5克，茉莉花3朵，绿茶4克。

做法：将茉莉花和洛神花用沸水冲一遍，连同绿茶一同放入杯中。冲入500毫升的沸水，浸泡5分钟后，即可饮用。可回冲2次，回冲时需要浸泡5分钟。

功效：此款茶能够舒筋活血，平喘抗癌，延缓衰老。

柠檬草香茶

材料：柠檬草干叶5克。

做法：将柠檬草干叶清洗干净，放入杯中，倒入300～500毫升的90℃热水。冲泡3分钟后即可饮用。

功效：此款茶能够促进消化，帮助身体排出毒素，保持肠胃清洁，达到减肥塑身的目的。

柠檬草迷迭香茶

材料：柠檬草、迷迭香各5克。

做法：将柠檬草和迷迭香用沸水冲洗一遍；将洗净的柠檬草和迷迭香一同放入杯中，冲入500毫升的沸水。浸泡约5分钟后，即可饮用。可回冲2～3次，回冲时需要浸泡5分钟。

功效：此款茶能够帮助消化，消除体内多余脂肪。口味清爽，能够减压怡情，舒缓身心。

阳虚体质宜喝什么茶

体质特征

阳虚体质的人怕冷，和寒性体质的人接近，这主要是因为人体阳气不足造成的。阳虚体质的人尤其是背部和腹部特别怕冷，耐夏不耐冬，易感湿邪，一到冬天就手冷过肘，足冷过膝，四肢冰冷，唇色苍白。阳气虚损，寒从中生，病理产物得不到代谢，脏腑易受损害。心阳虚衰可体现为心脏搏动无力，心脏自身滋养障碍，易得冠心病、心绞痛、心脏搏动过缓、低血压等疾病。胃阳虚可体现为腹中冷痛，得温则减，消化不良，呕吐，呃逆，厌食，易得胃溃疡等疾病。脾阳虚体现为四肢不温，久泻久利，晨起面目浮肿，大便溏薄，身体消瘦。肾阳虚，可见周身畏寒、下肢浮肿、痛经、水肿等症状。

适合的茶材

温阳当从脾肾入手，推动阳气在体内生发，使气血周流顺畅。性质温热、补益肾阳、温暖脾阳作用的茶饮最适合阳虚体质的人饮用。温热的茶饮可以去寒气、护脾胃。推荐补阳的茶材，如冬虫夏草、人参、核桃、生姜、肉桂、鹿茸、淫羊藿、巴戟天、仙茅、杜仲、续断、肉苁蓉、锁阳、益智仁、党参、红枣、山药等。

不适合的茶材

性质寒凉的茶材，易伤阳气，阳虚体质的人饮用过量，便会造成下痢，使身体更虚弱，降低对病毒的抵抗力。不适合的茶材，如绿茶、金银花、白茅根、车前草、苦丁茶、蒲公英等。

干姜暖身茶

材料：干姜2克，白芍7克，香附5克，蜂蜜适量。

泡法：1.将干姜、白芍、香附洗净，沥干备用。2.将所有材料（除蜂蜜）放入茶壶中，加入500毫升沸水，闷泡15分钟。3.倒入杯中饮用时可以根据口味酌情添加蜂蜜。

功效：手脚冰冷的人最宜饮用此款干姜暖身茶，可驱寒暖身、恢复精力。

虫草首乌茶

材料：冬虫夏草、人参、灵芝草、何首乌、山葡萄各适量。

泡法：1.将所有材料洗净沥干，置于壶中。2.将800毫升沸水加入后，闷泡15分钟，倒入杯中饮用。

功效：此款茶饮能有效增强免疫力、预防病毒侵害，更有补肺肾、定喘嗽、助肾阳之功效。

肉桂苹果茶

材料：肉桂粉少许，苹果30克，苹果汁100毫升，红茶包1个，蜂蜜1大匙。

做法：1.先将苹果洗净，切成薄片备用。2.再将苹果汁加200毫升水煮沸，倒入壶中，加入苹果薄片及红茶包闷泡5分钟。3.加入蜂蜜及肉桂粉，搅拌均匀即成。

功效：肉桂散寒，苹果柔和，特别适合阳虚体质的人在春寒料峭的时候饮用。

杜仲绿茶

材料：杜仲6克，绿茶适量。

做法：1.杜仲洗净，研成末。2.绿茶用沸水冲泡好。3.把杜仲粉放到杯中，倒入冲泡好的绿茶，浸泡3～5分钟即可。

功效：此茶能滋补肝肾，有降血压、降低血脂的功效，适合阳虚体质者饮用。

乌龙戏珠茶

材料：松子仁2粒，花生仁5粒，核桃仁3颗，乌龙茶2克。

做法：1.将松子仁、花生仁、核桃仁洗净，沥干备用；花生仁炒熟后去皮；三仁一起研成细末，壶中放入乌龙茶以水略洗，冲去杂质后倒出水分备用。2.将研磨好的细末加入乌龙茶的壶中，倒入250毫升沸水，2分钟后饮用。

功效：该茶有健脾胃的功效，适合食欲不振、脾胃虚弱的人饮用。

党参红枣茶

材料：党参15～30克，红枣5～10克。

做法：将两味药方加水煎汤，取汁代茶饮用。每日一剂。

功效：党参可温补益气；红枣甘温，可补脾生津，并可养血安神。阳虚者长期饮用，可改善虚寒体质。

人参花茶

做法：人参花5克，红糖适量。

做法：将人参花放入杯中；锅中放水烧沸。用刚刚烧沸的水冲泡人参花，并盖好杯盖，闷泡10分钟左右。在泡好的茶中，加入少许红糖，搅拌均匀，即可饮用。

首乌杞枣茶

材料：何首乌20克，枸杞子15克，红枣5～8颗，冰糖适量。

做法：何首乌、枸杞子、红枣分别洗净；用沸水将枸杞子烫软，沥水备用。加入适量水，放入洗净的何首乌煮5～8分钟至沸，然后放入红枣继续煮1分钟左右取汁。过滤何首乌红枣水，并将水冲入放枸杞子的杯中，调入少许冰糖搅拌均匀即可。

阴虚体质宜喝什么茶

体质特征

阴虚体质的人，由于体内津液精血等阴液亏少，阴虚内热，表现为阴血不足、有热象。引起阴虚的原因有阳邪耗伤阴液，劳心过度致阴血暗耗，久病导致的精血不足。肝阴虚可致烦躁易怒、两目干涩、视物模糊。肺阴虚表现为口燥咽干、咳痰带血、皮肤干燥。胃阴虚则表现为渴喜冷饮、消谷善饥、大便干燥。肾阴亏虚则眩晕耳鸣、腰膝酸软、男子阳强易举、女子月经不调。易患冠心病、肺炎、胃溃疡、高血压、糖尿病、早泄、月经不调、年老早衰等疾病。

适合的茶材

体内阴液的亏损，容易导致虚火的产生，这时如果单纯泻火，则会耗伤元气变生他病，适得其反。因此，调养阴虚火旺体质应以滋阴为主，体内阴液充足阳气有根，才不会变生虚火。阴虚体质的人关键在于补阴清热、滋养肝肾。在五脏中，肝藏血，肾藏精，因此滋养肝肾是饮茶的重点。推荐补阴的茶材，如西洋参、百合、芝麻、黑豆、北沙参、南沙参、麦冬、天冬、石斛、玉竹、黄精、明党参、枸杞子、墨旱莲、女贞子、五味子、乌梅、桑葚、黑芝麻、银耳、陈皮等。

不适合的茶材

阳气过盛的茶材饮用后会大量消耗阴液，过犹不及，使身体更虚，要避免大量饮用，如生姜、肉桂、丁香、桂圆、茴香、核桃等。

西洋参莲子茶

材料：西洋参5克，莲子10粒，冰糖适量。

泡法：1.将西洋参和莲子分别洗净，再沥干水备用。2.在砂锅中加入水，放入西洋参和莲子炖煮1小时。3.最后加入冰糖再炖煮10分钟，倒出后可将莲子捞起食用，并饮用茶汤即可。

功效：此款茶饮最适合脾虚体弱的高血压患者饮用。

菊楂陈皮茶

材料：山楂10克，白菊花5克，陈皮5克。

泡法：1.将所有材料洗净，放入杯中，冲入沸水。2.闷泡5分钟即可。

功效：健脾燥湿，清热祛火，宽心理气，健胃消食，促进食欲。

乌龙芝麻茶

材料：黑、白芝麻各5克，乌龙茶2克。

做法：1.乌龙茶用热水略冲去杂质后，沥干。2.锅中放入黑、白芝麻炒至香味四溢后，盛出略放凉，研磨成粗末。3.杯中加入芝麻粗末与乌龙茶，注入热水，静置1～2分钟后即可饮用。

功效：此茶有润肠排便的功效。

百合枣仁茶

材料：鲜百合50克，生枣仁、熟枣仁各15克，蜂蜜适量。

做法：鲜百合洗净，用水浸泡8～12小时；锅中放入水与生、熟枣仁，煎煮。待水沸后，改小火继续煮5～10分钟，关火，过滤掉枣仁渣。将枣仁水倒回锅内，加入浸泡好的鲜百合，继续煮，直至百合煮熟。将煮好的汤稍凉，调入蜂蜜即可。

强身保健茶疗

茶叶中含有丰富的营养元素，因此饮茶也有多方面的保健功效。茶，作为人们日常生活中最健康的饮品之一，有着咖啡等其他饮料所不具备的许多优点。然而，饮茶也有着多种禁忌或不宜，不当的饮茶方法和习惯对人体的健康也会有所损害，不过科学合理地饮茶对人的健康和心情却有很大的裨益。

抗衰延寿宜喝什么茶

人到中年体质多表现为阴虚阳亢，对此，《黄帝内经》有“年四十而阴气自半，起居衰矣”的明训。历代名医如朱丹溪、徐灵胎等，也都认为老人病证多属阴虚而阳亢，因而治疗老年病勿用辛热之药，竭其阴气。临床上，老年人常见的高血压、中风、失眠等病，的确多因真阴亏虚，虚火内炽所致。因此，作为清热之品的茶叶，对于改善老年人阴虚阳亢的体质，具有祛病延年的作用。

现代科学证明，人体中脂质过氧化过程是人体衰老的机制之一。自由基引起细胞膜损害，可使脂褐质（老年色素）随年龄增大而大量堆积，影响细胞功能。一旦失去正常平衡时，则自由基对生物大分子会产生毒性，从而引起炎症、自身免疫病、肿瘤、衰老等疾病。因此，自由基就成为威胁人类健康的罪魁祸首。

研究表明，儿茶素可使细胞色素氧化酶活性提高，因此在年龄较老的动物体内，线粒体活性可以维持较高的水平。由于儿茶素类化合物具有提高上述酶活性的功效，所以对防止缺氧具有保卫作用，因而对预防衰老有调控效应。

试验结果表明，向来被人们作为延缓衰老使用的维生素E，其防止脂肪酸过氧化作用只有4%；而富含茶多酚的绿茶，其效果可达74%。可见，茶多酚延缓衰老的效果比维生素E要高十几倍。

此外，茶叶中多种氨基酸对防衰老也有一定作用。如胱氨酸有促进毛发生长与防止早衰的功效；赖氨酸、苏氨酸、组氨酸对促进生长发育和智力发育有效，又可增加钙与铁的吸收，有助于预防老年性骨质疏松症和贫血；微量元素氟也有预防老年性骨质疏松症的作用。当然，如本书其他各章所述，茶对许多疾病尤其是老年病有防治作用，这对延年益寿当然也是很重要的。

千日红茶

材料：千日红5克。

做法：将千日红用沸水冲一遍，放入杯中，冲入500毫升的沸水。浸泡约10分钟即可。

功效：此款茶令人赏心悦目，心旷神怡，可延缓衰老。

勿忘我百合茶

材料：百合花、决明子各5克，勿忘我2朵，山楂3颗。

做法：将勿忘我、百合花用沸水浸泡30秒洗净，山楂用沸水冲一遍，切片备用。将准备好的所有材料一同放入杯中，冲入500毫升的沸水。浸泡约10分钟后，即可饮用。可回冲2～3次，回冲时需要浸泡5分钟。

功效：能够减肥养颜、美容健身。

金盏菊蜜茶

材料：金盏菊6克，蜂蜜适量。

做法：将金盏菊用沸水冲一遍，放入杯中，冲入500毫升的沸水，浸泡约10分钟后，加入蜂蜜调味即可饮用。可回冲2～3次，回冲时需要浸泡5分钟。

功效：此款茶能够清心降火，清香袅袅，让女性拥有清爽自由的心情，从而延年益寿。

八仙茶

材料：粳米、黄粟米、黄豆、赤小豆、绿豆各750克（炒香熟），细茶500克，净芝麻375克，净花椒75克，净小茴香150克，泡干姜、炒晶盐各30克。

做法：将以上11味共制细末，炒黄，瓷罐收贮。一日3次，每次6～9克，沸水冲泡服。

功效：有益精悦颜、保肾固元作用。用于中年人防衰老。

首乌松针茶

材料：何首乌18克，松针（花更好）30克，乌龙茶5克。

做法：先将首乌、松针或松花煎沸20分钟左右。去渣，以汤泡乌龙茶，不拘时服。

茶疗功效：有补精益血、扶正祛邪作用。对肝肾阴虚，及从事化学性、放射性、井下作业等人员及放化疗后白细胞减少等多有益处。

益气抗疲劳宜喝什么茶

中医学认为，气是人体维持生命活动的精微物质，又是各脏腑组织的功能表现。所以，气对人体具有十分重要的作用。古代医学经典著作《难经》曾指出："气者，人之根本也。"由于元气不足，脏腑功能衰退，可出现一系列"气虚"的症状。例如：头晕目眩、少气懒言、疲倦乏力等。治疗时，就要用补气、益气的方法。饥饿也能引起上述症状，故益气与疗饥有密切的关系。

"正气"，是抵抗"邪气"（指某种致病因素）侵袭的重要物质与功能。所以，益气可以防疾，这就是《黄帝内经》"正气存内，邪不可干"的意思。

据研究，茶叶中的维生素P和维生素C，可增加人体对传染病的抵抗力，这与益气也有一定关系。这种抵抗力，显然与人体的免疫功能有关。茶及其主要成分茶多酚，均可增进人体免疫功能。

此外，古代医家还认为茶能"轻身、换骨"和"固肌"，均与益气有关。《中国药学大辞典》也有称"治疲劳性精神衰弱症"。

据现代生理学知识，人体的疲劳现象（气虚症状之一）与中枢神经系统有关，而茶可兴奋中枢神经，能使精神振奋，思想活跃。此外，从运动系统方面说，茶也有消除疲劳的作用。这是因为茶一方面能因咖啡碱而降低肌浆网，释放钙离子，使钙离子释放出来产生加强骨骼肌的收缩能力；另一方面又可使肌肉中的酸性物质得到中和，从而加强了肌力，消除了疲劳。

由于疲劳的主要原因是神经系统衰弱，中枢兴奋性降低，使肌肉收缩力减退，不能充分伸缩，所以除了咖啡碱，茶中黄嘌呤类还能刺激神经和促进肌肉收缩力，并有促进新陈代谢的作用。因此，劳动疲乏时常用饮茶来解乏，已成为劳动人民的一种习惯了。

绞股蓝茶

材料：绞股蓝10克，绿茶2克。

做法：先将绞股蓝烘或焙（去腥味），研粗末与茶叶以沸水冲泡10分钟。或上二味加水煎10分钟。日1剂，不拘时饮服。也可加入蜂蜜或白糖适量以调味。

功效：有补五脏、强身体、祛病抗癌的作用。用治一切虚证，如失眠，乙肝，溃疡病，肺结核，慢性气管炎，心脏病，高血压，高血脂及癌症等。

柠檬蜜茶煎

材料：茶末煎浓汁1茶匙，柠檬半只，蜜糖2汤匙。

做法：将柠檬洗净，放入搅拌机内粉碎成汁，然后倒入预先放有浓茶汁的杯中，调拌溶解。再加入蜜糖混合，最后冲开水即可供饮。

功效：可消除疲劳。

粳米茶粥

材料：茶叶100克，粳米50克，白糖适量。

做法：茶叶先煮取浓汁约100毫升，去茶渣，入粳米，白糖适量，再加水400毫升左右，同煮为稀稠粥。一日2次，温服。

功效：可消除疲劳。

素馨花砂仁茶

材料：茶叶10克，素馨花6克，春砂仁6克（打碎）。

做法：将三种材料分为两份，每次一份。取一次量放入容器中，倒入沸水，频饮即可。

功效：可消除疲劳。

补血养血宜喝什么茶

所谓“贫血”，是指血细胞（一般更局限于红细胞）减少而言。如果白细胞与血小板也数量减少，那就是必须非常重视的“三系贫血”了。

国外专家深入研究认为：饮茶会降低非血红素铁的吸收，但不会影响血红素铁的吸收。所以，缺铁人群仍可适量饮茶，宜食后一小时饮，并加奶（即饮奶茶）。

茶中所含有的叶酸，又可预防巨幼红细胞性贫血。茶叶脂多糖不仅提高存活率，还对血红蛋白、血小板有保护作用，同时观察到血液中网织红细胞明显升高。

饮茶的补血作用，主要表现在升高白细胞（简称“升白”）的功能。

由于茶叶制剂具有抗辐射损伤和提升白细胞的作用，所以对因肿瘤而接受放射治疗的病人是很有意义的。可以减缓放射治疗引起的负作用，减少白细胞下降的幅度。

茶叶及茶叶制剂对各种原因所致的白细胞减少症具有不同程度的升提作用，尤其对于放疗和放射性职业所造成的白细胞减少者，近期升白疗效明显。

茶叶中的茶多酚、茶叶脂多糖具有抗辐射损伤、改善造血功能的作用。此外，氨基酸、维生素、矿物质等可参与机体的多种辅酶的组成和物质代谢过程，有利于升白效应。

茶叶对疑为脾功能亢进的血小板减少者也有明显效果，可见血小板数回升，临床上出血倾向也大为减轻。又据报告，由于茶叶中的儿茶酸能恢复血管壁的弹性和渗透性，所以亦有助于血友病的治疗。

茶叶的补血升白作用显而易见，茶叶中维生素C能促进膳食中非血红素铁的吸收。但是，人们在实验中，也发现茶中某些成分能抑制非血红素铁的吸收。主要是因为，这些成分能与铁在消化道内形成不溶解的复合物，因而抑制铁的吸收，而不利于贫血病人。所以，曾经有观点认为，凡是缺铁性贫血的人以及较易发生缺铁性贫血的人，如孕妇、乳母、月经过多的育龄妇女、青少年、婴幼儿童，还是少饮茶为好。近年来，国内外的学者对此问题深入研究，美国1993年的报告确认，饮茶与贫血无关。

黑芝麻

芝麻养血茶

材料：黑芝麻6克，茶叶3克。

做法：将黑芝麻炒黄后，与茶叶一起加水煎煮，或用沸水冲泡闷10分钟。一日1～2剂，饮汤及食芝麻与茶叶。

功效：具有滋补肝肾、养血润肺的功效，用于肝肾亏虚，皮肤粗糙，毛发枯黄或早白，耳鸣等。

丹参

丹参黄精茶

材料：茶叶5克，丹参10克，黄精10克。

做法：将药共研粗末，沸水冲泡，盖闷10分钟后饮用。日1剂。

功效：有活血补血、填精功效。用于治贫血症及白细胞减少。

抵抗辐射宜喝什么茶

茶有良好的“抗辐射”效应，不论是职业上要经常接触放射线的人，或者是因肿瘤而接受放射治疗（放疗）的人，都需要经常饮茶。大部分人都难免要接触微量放射线（如看电视或用电脑等），所以也提倡饮茶。

人体的辐射损伤，主要是由于质子束、X射线或γ射线束等所引起的。辐射损伤的程度，自然与射线的剂量有关。据最近几年的研究资料，茶叶对于机体内部放射性物质的排出，防止辐射损伤，都有显著的作用。因此，目前在国外把茶叶称为“超原子时代的高级饮料”，不是没有道理的。

人体对辐射损伤最敏感的指标，是血液中白细胞数量的下降。辐射损伤，引起了机体一系列的功能障碍，例如：周围血白细胞总数和血小板数的下降，对骨髓也有抑制作用。茶叶中所含的各种化学成分的综合作用，具有减轻或解除这种辐射损伤所引起的各种生理功能障碍的效果。据目前所知，茶叶中最主要的有效成分是茶多酚和脂多糖。这两者都具有良好的抗辐射的效应。

同时，茶多酚还具有降低组织内的氧浓度的作用，从而使电离辐射作用时减少了氧化基因，减弱了放射生物学效应。茶多酚的增强血管壁作用，也与减弱或免除射线损伤有关。脂多糖还能增强机体的非特异性免疫能力。此外，茶叶中含有的其他成分如维生素C、氨基酸中的半胱氨酸、维生素E以及咖啡碱等，也都有辅助性的药效作用。而且，近来还在研究试验中发现：单以脂多糖作治疗，其疗效比茶叶提取物的疗效反而差。这说明，茶叶的抗辐射作用是茶叶中的各种化学成分综合作用的结果。

茶叶防治辐射的伤害在国外也早有研究。1962年，苏联学者曾从茶叶中提取某种有效物质给小白鼠注射，然后照射γ射线，结果给药组大部分存活，而未给药组大部分小白鼠死亡。

菊花乌龙茶

材料：白菊花3克，乌龙茶4克，冰糖适量。
做法：将白菊花和乌龙茶一同放入茶杯中，加适量沸水冲泡。盖上杯盖，浸泡半小时后，调入冰糖，代茶饮用。

功效：白菊花有着较强的清热解毒功效，可帮助去除体内毒气，有效排除体内有害的辐射与放射性物质。

饮用禁忌：脾胃虚寒及阳虚体质者不宜饮用。

甘草绿茶防辐射茶

材料：甘草8克，绿茶2克。

做法：将甘草放入砂锅中，加水煎煮。煮沸后，放入绿茶，代茶饮用。

功效：甘草解毒功效俱佳，有效解除体内的毒素，从而降低辐射对身体的伤害。

饮用禁忌：湿阻中满、呕恶及水肿胀满者不宜饮用。

槐花石斛明目茶

材料：槐花、石斛、白芍、银耳各10克，绿茶3克。

做法：1.将上述五味茶材一同放入茶杯中，加适量沸水冲泡。2.盖上杯盖，浸泡半小时后，代茶饮用。

功效：健脑明目，消除疲劳，还具有很好的防辐射功效，适于电脑族饮用。

饮用禁忌：脾胃虚寒者不宜饮用。

桃花冬瓜祛斑嫩肤茶

材料：桃花（干品）4克，冬瓜仁5克，白杨树皮3克。

做法：将上述三味茶材一同放入茶杯中，加适量沸水冲泡。盖上杯盖，浸泡15分钟后，代茶饮用。

功效：祛除黑斑，白嫩肌肤。适于电脑辐射所致的肌肤干燥、黑色素沉淀等人群饮用。

饮用禁忌：女性经期和孕妇不宜饮用。

红花檀香润肤茶

材料：红花、檀香各3克，绿茶2克，红糖适量。

做法：将上述四味茶材一同放入茶杯中，加适量沸水冲泡。盖上杯盖，浸泡10分钟后，代茶饮用。

功效：养血和血，滋润肌肤。适于电脑辐射所致的肌肤无光泽、长斑、黑色素沉淀等人群饮用。

饮用禁忌：女性经期及孕妇不宜饮用。

柠檬薄荷防辐射茶

材料：柠檬3片，菊花4克，薄荷、玫瑰花、绿茶各3克，千日红2克。

做法：将上述所有茶材一同放入茶杯中，加适量沸水冲泡。盖上杯盖，浸泡10分钟后，代茶饮用。

功效：对抗电子辐射，保护眼睛。适于经常坐在电脑前工作的人群饮用。

饮用禁忌：脾胃虚寒及孕妇不宜饮用。

美容养颜宜喝什么茶

茶既可内服又可外用，均有良好的养颜美容作用，因而在时尚女性中饮茶者颇有逐年增多的倾向。当然，茶道清宁、和谐、优美的氛围，对紧张、浮躁的都市生活也着实是个避风港。

目前，普遍认为皮肤的健美主要与维生素的摄入量有关。如维生素A缺乏，易引起皮肤干燥粗糙、毛囊角化病；维生素B_2缺乏，易发生口角炎及脂溢性皮炎；维生素B_5不足，会发生癞皮病，在日光照射下，皮肤容易发生红肿、瘙痒、粗糙不平；维生素C缺乏，使皮肤血管脆性增加而出现点状出血；维生素E缺乏，则易产生色斑。另外，缺乏蛋白质和必需的脂肪酸也会使皮肤变得粗糙、晦暗无光、容颜苍老。

已知，茶叶中含有人体所需要的各种营养素，包括丰富的维生素（尤其维生素C、维生素E）和矿物质，能够补充人体之不足。再者，茶中多酚类物质（尤其儿茶素）还能抑菌、消炎并抗氧化，能阻止脂褐素的形成，并将人体内含有的黑色素等毒素吸收之后排出体外。茶叶中的绿原酸，亦可保护皮肤。所以，茶叶具有明显的美容、养颜的功效。内服、外用均有效。

首乌生发茶

材料：何首乌2克，菟丝子2克，柏子仁2克，牛膝1克，生地黄1克，红茶3克，蜂蜜适量。

做法：1.将何首乌、菟丝子、柏子仁、牛膝、生地黄放入锅中，加入清水400毫升煮沸。2.倒出后滤渣取汁，将红茶用沸水冲泡3分钟后加入汁中。3.搅匀后稍凉，加入蜂蜜饮用即可。

功效：此款茶饮能补心脾、润肝肺、治疗失眠，并有利于头发生长。

龙井白菊茶

材料：龙井茶3克，杭白菊10克。

泡法：1.茶壶中加入龙井茶与杭白菊，注入约150毫升的热开水，略摇晃清洗茶材后，倒出茶汤。2.再加入450毫升的热开水，静置2分钟后，即可饮用。也可重复回冲至茶味渐淡。

功效：此款茶饮有降血压、镇静神经的作用，能预防心血管疾病。

杞菊决明茶

材料：枸杞子15～30克，杭白菊10克，决明子5克，绿茶3克，冰糖适量。

泡法：1.将枸杞子、决明子洗净，沥干。2.将枸杞子、决明子、绿茶、杭白菊一起放入茶壶中，冲入沸水，加盖闷泡10分钟。3.倒入杯中，加冰糖调味即可。

功效：此款茶饮可清热去火、清肝明目，能够抗疲劳和降血压。

清香美颜茶

材料：洋甘菊3克，苹果花3克，枸杞子3克，柠檬1片。

泡法：1.将洋甘菊、苹果花揉碎，与枸杞子一起放入纱布袋中，做成茶包，放入杯中，冲入沸水，静置3～5分钟。2.再将柠檬挤汁入杯中，并将整片柠檬再泡入杯中。可反复加入300毫升沸水冲泡至味淡。

功效：可加速分解黑色素。

蔬果美白茶

材料：草莓9个，桑白皮粉5克，苹果1个，蜂蜜15克，菠菜少许，柠檬片2片，冰块适量。

泡法：1.先将草莓、苹果、菠菜洗净后，放入榨汁机中，榨成果汁后，滤渣取汁，加入200毫升白开水稀释。2.将汁液倒入锅中，再加入蜂蜜，用小火煮至沸腾后关火。3.加入桑白皮粉冲泡，静置5分钟。4.倒入冲茶器内，放入柠檬片，饮用时加入少量冰块即可。

功效：此款茶饮不仅能美白皮肤，还能润肠通便、消除痘痘，一举三得。

红枣银花茶

材料：红枣4颗，金银花10克，冰糖适量。

泡法：1.金银花用沸水冲泡好。2.红枣洗净，去核，倒入锅中，加水煮8～10分钟。3.将红枣汤倒入沏好的金银花茶中，加入冰糖即可。

桂花润肤茶

材料：乌龙茶2克，干燥桂花3克。

泡法：1.将干燥桂花和乌龙茶混合放入茶壶中。2.冲入400毫升沸水，加盖闷泡5分钟至香气四溢，倒入杯中即可饮用。

功效：此款茶饮可以活血补气，改善气色，消除暗沉。

芦荟椰果茶

材料：食用芦荟2根，椰果10克，红茶包1个，冰糖适量。

泡法：1.将芦荟洗净，去皮取肉后切成小丁，用清水稍冲。2.将红茶包放入茶壶中，加入400毫升沸水浸泡5分钟。3.最后加入芦荟丁、椰果搅匀，加入冰糖调味即可。

功效：此款茶饮能够促进人体排出毒素，快速去痘。

苹果去痘茶

材料：苹果1个，橙子半个，红茶包1个，白芷粉3克。

泡法：1.将苹果去皮，去核，洗净切块，放入榨汁机内打成泥状备用。2.橙子洗净，压出汁备用。3.锅中加400毫升水烧沸，放入苹果泥、橙汁与白芷粉调匀，关火后加入蜂蜜和红茶包泡5分钟，倒入杯中即可。

功效：去痘、消斑的最佳茶饮。

玫瑰参茶

材料：干玫瑰花2克，西洋参3片，黄芪5克，枸杞子5克，绿茶3克。

泡法：1.将枸杞子、黄芪洗净，沥干备用。2.将干玫瑰花与绿茶混合后放入茶壶中，加入枸杞子、黄芪和西洋参片，冲入沸水后闷泡5分钟。3.滤渣取汁饮用。

功效：此款茶饮能增强元气，提高人体免疫力，美容养颜又让人精神焕发。

减肥瘦身宜喝什么茶

当代医学认为，饮茶不仅有促进体内脂肪代谢的功效，还能有效提高人体胃液和其他消化液的分泌量，帮助消化和促成脂肪分解，最后达到减肥的目的。茶叶中所含有的肌醇、叶酸、泛酸等化合物，都具有调节脂肪代谢的本领。茶叶中的黄烷醇还对人体胃、肝脏起到特殊的净化作用，这不仅有助于脂肪的消化，还能有效地防治消化道疾病，从而增强人体对脂肪的代谢，达到消脂减肥的作用。

从喝的方法来说，如果针对减重，最好喝热茶，不加糖、不加奶精，或只加代糖。最好不要饭后马上喝，隔1～2小时以后较恰当。

1. 普洱、乌龙茶：含丰富的氨基酸及纤维素，除降低胆固醇、利尿之外，更有助于脂肪分解，促进脂肪新陈代谢。

2. 中药茶：中药可以降低过高的体气，引导、补充不足的体气，保持体内气血均衡，还能提高新陈代谢率，促进血液循环、淋巴循环等，增进排泄，提高脂肪分解率，如山楂、荷叶、薏米、甘草等，适合减肥人士用来泡茶饮用。

3. 花草茶：有利于身体排水消肿，影响激素分泌，能起到一定的减肥效果，常见的用于减肥瘦身的花草茶有玫瑰花、薄荷、荷叶、洛神花、甜菊叶、茉莉花等。

其他推荐茶材：马鞭草、山楂、决明子、百合、葛根、薏米、泽泻、郁李仁、松子仁、银耳等。

塑身美腿茶

材料：马鞭草3克，迷迭香3克，柠檬草3克，薄荷叶3克。

泡法：1.将马鞭草揉碎备用。2.将迷迭香、柠檬草、薄荷叶和揉碎的马鞭草混合均匀，缝入纱布袋中做成茶包。3.将茶包放入茶壶中，冲入500毫升沸水，闷泡3～5分钟至散发香味后即可饮用。可反复冲泡至茶味变淡。

功效：此款茶饮能减少体内多余水分，净化肠胃，促进消化，分解脂肪，轻松去除肥肉。

玲珑消脂茶

材料：柠檬马鞭草3克，柠檬香茅1克，甜菊叶5片，老姜适量。

泡法：1.将柠檬马鞭草、柠檬香茅、甜菊叶洗净；柠檬香茅剪成小段，老姜切成片。2.将所有材料放入茶壶中，冲入沸水闷泡5分钟后即可饮用。

功效：此款茶饮能迅速分解体内脂肪，达到消脂塑身的效果。

玫瑰薄荷茶

材料：干玫瑰花蕾4～5颗，白茅根1克，薄荷2片。

泡法：1.将干玫瑰花蕾、白茅根与薄荷一同放入杯中，加入适量沸水冲泡。2.加盖闷10分钟，待茶凉后饮用提神效果更佳。

功效：玫瑰花具有活血化瘀、舒缓情绪的作用；薄荷可驱除疲劳，使人感觉焕然一新。

茉莉香草茶

材料：茉莉干蕾1克，柠檬马鞭草干品1克，胡椒薄荷干叶1克。

泡法：1.把茉莉干蕾、柠檬马鞭草干品、胡椒薄荷干叶放入杯中。2.倒入沸水300毫升，闷泡3～5分钟，至散发出香味即可。

功效：饮用茉莉香草茶可解油腻，消解脂肪。

菊花山楂茶

材料：菊花15克，山楂15克，决明子15克，藏茶5克。

泡法：1.将三种原料一起洗干净放入锅中。2.将锅中放入清水，把材料煎煮成浓汁，慢慢饮用。

功效：有效地降低血脂，改善血脂过高的症状。

提神解疲宜喝什么茶

在茶叶的众多医疗效用中，提神兴奋可能是最容易也最早被人觉察的。早在《神农食经》中，就有“令人少睡”的记载。《桐君录》提到饮茶“令人不眠”。东汉华佗《食论》中说：“苦茶久食益意思”。西晋张华《博物志》说：“饮真茶，令人少眠”。梁任昉《述异记》说：煎服茶“令人不眠，能诵无忘”。明顾元庆《茶谱》中有饮茶可以“少睡”、“益思”的说明。从这些著作中可以确认，饮茶能兴奋神经中枢，提高脑力和体力劳动的效能，消减疲劳，破瞌睡，增长智力，提高思维能力等。

茶还有醒睡眠的作用，过早起床或深夜工作者，饮茶能起到使头脑清醒和祛除睡意的效果。故唐代李白有“破睡见茶功”的诗句，宋代诗人王令喻茶水为“醒魂汤”，含意相同。

一杯清茶能使疲劳、困倦中的人感到精神振奋，睡意顿消，这是茶中所含的生物碱类，即咖啡碱、茶碱、可可碱的作用引起的。因咖啡碱在茶叶中含量最高，作用强，所以为提神兴奋的主要成分。咖啡碱又是强有力的中枢兴奋药，首先反映在大脑皮质上，随着剂量的增加相继兴奋延脑，最后影响脊髓。茶咖啡碱等对大脑皮质有选择的兴奋作用，因而能够消除瞌睡，振作精神，减轻疲劳，提高对外界印象的感受力，并强化人的思维活动。

咖啡碱等嘌呤类生物碱还能增加条件反射量，并能缩短其潜伏期，而不会减弱抑制性条件反射及分化能力，这点不同于酒精等麻醉性药物是以减弱抑制性条件反射来兴奋神经的。同时，咖啡碱等对大脑皮质的选择性作用，必然还会影响到机体的其他生理功能，如基础代谢、横纹肌收缩力、肺通气量、血液输出量、胃液分泌量等都会因为饮茶而有所提高。这表明了茶的“兴奋”作用是多方面的。

菊普活力茶

材料：菊花6克，普洱茶6克，罗汉果1颗。

泡法：1.将罗汉果洗净，再将所有茶材放入茶壶中，冲入350毫升沸水。2.闷泡10分钟后，饮用即可。

功效：经常觉得头晕眼花、精神不佳的人，饮用此茶后，可以为身体带来活力。

合欢大枣绿茶

材料：绿茶1克，合欢花15克，大枣25克。

做法：加水350克共煎3分钟。分2次服，食枣。日1剂，服10剂后，改用百合花15克，以后交替续服。

功效：用于治忧郁症。

五味子绿茶

材料：绿茶1克，五味子4克，蜂蜜25克。

做法：先将五味子250克炒至微焦，用时按上剂量加开水400～500毫升。分3次温服，日服1剂。

功效：用于治疗神经衰弱、困倦嗜睡。

解暑止渴宜喝什么茶

每到夏天，烈日炎炎，气温很高，人们总会感觉口干，头昏，乏力，很不好过。这是因为外界的高温使得人体热量不易散发，暑气迫人之故。暑热汗出较多，人体体液遂致损失。此时如饮一杯热茶，不但可以生津止渴，而且可使全身微汗，暑热随汗而出，则暑解，津生而渴止。这就是茶不同于其他饮料的效应。

在民间单验方中，有用鲜苦瓜一个，把上端切开，去瓤，装入绿茶，把瓜挂于通风处。阴干后，将外部洗净，擦干，连同茶叶切碎，混匀。每服10克，放入保温杯中，以沸水冲泡，盖严温浸半小时，频频饮用，治疗中暑发热、烦渴，小便不利。效果令人满意。

饮茶之所以能有良好的止渴生津效果，首先，渴的感觉是人体细胞缺水的表现，饮茶可以补充较多的水分。其次，茶水中的化学成分如多酚类、糖类、果胶、氨基酸等与口腔中的唾液发生了化学反应，使口腔得以保持滋润，起到止渴生津的作用；芳香物质挥发时又可带走一部分热量；咖啡碱还可从内部控制体温中枢调节中枢，以达到防暑降温的目的。

茶中咖啡碱因为大脑皮质有选择性的兴奋作用，又对控制下视丘的体温中枢调节起重要作用；再者，茶汤中含有的芳香物质，在它们挥发过程中起着吸热作用；据报道茶叶还有促进汗腺分泌，使大量水分通过皮肤上的毛孔渗出并挥发掉的作用。另外，茶中咖啡碱、茶碱、可可碱的利尿作用，也可带走大量热量，利于体温下降，从而发挥清热消暑作用。

茶汤中的多酚类物质结合各种芳香物质，可给予口腔黏膜以轻微刺激而产生鲜爽的滋味，促进唾液分泌，津生而渴止。有研究表明，缺水使人有渴感，而汗出使体内钠、钙、钾和维生素B、维生素C等成分减少也可加重渴感。尤其是维生素C，它可以促进细胞对氧的吸收，减轻机体对热的反应，增加唾液分泌。茶叶中富含维生素C，含钾量高达1.5%～2.5%，且容易泡出。故茶是防暑降温、解渴生津的最佳饮料。

金银花

菊花解暑茶

材料：菊花10克，金银花10克，决明子20克，枸杞子5克。

泡法：1.将所有茶材放入壶中，冲入1 000毫升热开水，闷泡5分钟。2.滤除茶渣后即可饮用。

功效：金银花、菊花可清热解暑，为炎炎夏日带来一丝清凉。

盐水绿茶

材料：绿茶、盐适量。

做法：将绿茶和盐放入容器，加入适量沸水。静置5分钟后，即可饮用。

功效：有清热解暑、补液止渴作用。

石膏紫笋茶

材料：生石膏60克，紫笋茶末3克。

做法：先将生石膏杵为末，加水500毫升煎至约250毫升，用以冲泡茶汁。日1～2剂，温服。

功效：能清热泻火，解毒镇痉。用于治疗中暑、流感、流行性乙型脑炎、胃火牙痛等。

藿香茉莉茶

材料：茉莉花3克，青茶3克，藿香6克，荷叶6克（切细）。

做法：以沸水浸泡5～10分钟即可。日1～2剂，不拘时频饮。

功效：能清热解暑，化湿。用治夏季感受暑湿，发热头胀，胸闷少食。

消食健胃宜喝什么茶

用茶叶治疗食积、腹胀、消化不良的方法，早在清赵学敏《串雅补》中即有"茶叶五钱，青盐一钱，洋糖、三棱、雷丸各三钱为末，将上盐、糖煎好后，入三味调匀，每服三钱，白汤送下"的记载。《续名医类案·饮食伤》载："一人好食烧鹅炙赙，日常不缺，人咸防其生痈疽，后卒不生，访知其人每夜必啜凉茶一碗，乃知茶能解炙赙之毒也。"

茶的消食作用，最为人称道的可能还是除油腻与解膻腥。北宋大文豪苏东坡，是个喜欢吃肥肉油腻的人，如今在食谱上还有个以肥烂著称的"东坡肉"呢。吃了肥肉，不吃茶是不行的。在东坡诗中，就有"初缘厌粱肉，假此雪昏滞"等句司证。明代谈修在《滴露漫录》中，还曾谈到茶叶是中国边疆少数民族的必需品："以其腥肉之食，非茶不消；青稞之热，非茶不解"。正因为此，茶叶才能在这些以肉食为主的游牧地区得到畅销。在古代，茶马互易曾是政府的一项政策。

茶能促进胃液分泌与胃的运动，有促进排出之效，而且热茶比冷茶更有效果。同时，胆汁、胰液及肠液分泌亦随而提高。这说明，古时传下饭后饮茶助消化，减轻食后不适之说，具有充分道理。

茶对消化系统的作用是很复杂的，例如：茶碱具有松弛胃肠平滑肌的作用，能减轻因胃肠道痉挛而引起的疼痛；儿茶素有激活某些与消化、吸收有关的酶的活性作用，可促进肠道中某些对人体有益的微生物生长，并能促使人体内的有害物质经肠道排出体外；咖啡碱则能刺激胃液分泌，有助于消化食物，增进食欲。茶中咖啡碱还可与有机酸或其他盐类结合，不仅在水中溶解度大，而且对胃黏膜刺激性小。如苯甲酸酚咖啡碱钠、枸橼酸咖啡碱钠，茶中含有这些化合物，都有助消化作用。

此外，茶汤中还含有一些调节脂肪代谢的成分。最主要是维生素类，如肌醇、叶酸、泛酸等。其他如蛋氨酸、半胱氨酸、卵磷脂和胆碱等都有调节脂肪代谢的功能。所以说，茶的消食、助消化作用，也是茶叶多种成分综合的结果。

在有助于人体消化的同时，茶还具有制止胃溃疡出血的功能，这是因为茶中多酚类化合物可以薄膜状态附着在胃的伤口，起到保护作用。这种作用也有利于肠瘘、胃瘘的治疗。

过去认为胃溃疡病人不宜喝茶主要是咖啡碱的原因。但是应说明，茶中咖啡碱不同于纯咖啡碱对胃的刺激。茶中咖啡碱被茶红素的化合物所中和，形成结合物，在胃中的咖啡碱失去了活力，同时又因茶中多酚类物质有保护胃黏膜的作用，因此患有胃溃疡的病人适量地饮茶亦无害。但若饮茶过量或多饮浓茶，咖啡碱积聚，则有可能对胃不利。

清香和胃茶

材料：白术3克，茯苓3克，薏米3克，茉莉花3克，菊花2克。

泡法：1.将白术、茯苓、薏米洗净，沥干水分。2.锅中加水500毫升，加入白术、薏米、茯苓大火煮沸转小火，加入菊花继续煮5分钟。3.滤渣取汁后冲泡茉莉花茶饮用即可。

功效：此款茶饮主要功效为治疗因脾胃虚弱而引起的食欲不振，长期饮用对慢性肠胃炎和消化不良也有一定作用。

陈皮绿茶

材料：陈皮50克，绿茶适量，冰糖适量。

泡法：1.绿茶用沸水冲泡好，备用。2.陈皮洗净，切成丝，放入杯中，冲入绿茶液，同时加入少量冰糖调味，调匀即可。

功效：有健脾开胃、消暑提神之功效。

消除溃疡茶

材料：红茶，白砂糖各250克。

做法：加水适量，煮数沸，候冷沉淀去渣，贮净容器中加盖，经6～12，若色如陈酒，结面如罗皮，即可服用。若未结面，则只要经7～14日就可饮服。日2次，早、晚将上茶蒸热后各服1调羹。

功效：可治消化性胃和十二指肠球部溃疡。

乌硼红茶

材料：乌梅2克，硼砂1克，红茶1.5克。

做法：用沸水泡5～10分钟，（呕吐甚者可加大黄粉1.5克）。日1剂，顿服或2次分服。

功效：具降逆辟秽，和胃止呕之功。用于治呕吐较甚或不止，或呕逆频频。

解酒醒酒宜喝什么茶

茶的“醒酒”作用，早在三国（魏）张揖《广雅》中就有记载，《本草纲目拾遗》、《采茶录》等也有言及；另外《二斋直指方》等，则称为“解酒”。醒酒和解酒虽然意义相同，但仔细品起来，解酒有解酒毒之意，所以又觉深了一层。

茶叶中含有的茶多酚、茶碱、咖啡碱、黄嘌呤、黄酮类、有机酸、多种氨基酸和维生素类等物质，相互配合作用，使茶汤如同一副药味齐全的“醒酒剂”。

它的主要作用是：兴奋中枢神经，对抗和缓解酒精的抑制作用，以减轻酒后的昏晕感；扩张血管，利于血液循环，有利于将血液中酒精排出；提高肝脏代谢能力；通过利尿作用（扩张肾的微血管和抑制肾小管再吸收），促使酒精迅速排出体外，从而起到解酒作用。

然而，大醉后饮茶有时也有弊病。早在明代李时珍《本草纲目》中就提到过：酒后饮茶伤肾脏，容易引起腰脚重坠，膀胱冷痛，痰饮水肿，消渴挛痛之疾。我们知道，酒精在人体内分解过程很缓慢，一般人醉酒后乙醇全部分解需要3～4小时之久。若饮酒大醉后马上用浓茶来解，会使大量乙醇通过肾脏从小便排出的同时刺激肾脏，影响肾脏功能。并且，过多地饮茶，入水量太多也会增加心脏和肾脏的负担，这对患有高血压、冠心病的人是不利的。

所以，为了您的身体健康，切莫饮酒过度（酒醉），即使酒醉也不要大量地饮茶。当然，一般情况下，酒后泡饮好茶一杯，有利于解酒，且能消食，确已成为一般家庭及宴会的惯例了。

葛花解酒茶

材料：葛花10克，枳子10克。

泡法：1.将葛花和枳子一同放入锅中，加入300毫升水熬煮。2.水沸后继续熬煮至汤汁剩下一半，滤渣取汁饮用。

功效：此款茶饮能解酒醒脾。葛花具有清热解毒、分解酒精、健胃、护肝等功效。酒前15分钟泡服可使酒量大增，酒后泡服可促使酒精快速分解和排泄。

枸杞保肝茶

材料：枸杞子15克，熟地黄10克，菊花10克。

泡法：1.将熟地黄洗净，放入锅中，加500毫升水煮沸，转小火煎煮3分钟。2.将枸杞子、菊花放入杯中，冲入煮好的汤汁，闷泡5分钟后饮用即可。

功效：饮用此茶，能降压明目、补肝益肾，促进肝细胞新生，抑制肝脂肪沉积。

石斛保肝茶

材料：黄芪3克，沙参3克，石斛2克，红枣2颗，干玫瑰花1克。

泡法：1.将黄芪、沙参、石斛和红枣放入纱布袋中。2.将纱布袋放入锅中，加入清水3升，浸泡30分钟。3.以大火煮沸后，转小火继续熬煮45分钟，熄火后加入干玫瑰花，闷1分钟即可饮用。

功效：此款茶饮可养肝，有滋阴除热、明目强肾的功效，同时能够增强人体的免疫力。

祛病疗疾茶方

在缺医少药的远古时期，神农发现茶叶是作为解毒之用的，后来茶叶逐渐发展为药用。现代研究也证实，茶叶中丰富的营养对很多疾病的恢复有益，比如茶叶中的多酚类、氨基酸、维生素能保护血管，对高血压、高脂血症的康复有益；茶叶中的某些营养物质能提高对某些癌细胞有抑制作用的酶的活性，可阻断致癌物质的生成，从而达到防癌抗癌的作用。

动脉硬化宜喝什么茶

动脉硬化的主要原因是长期多肉食或饮食营养丰富，胆固醇的摄入较多；又经常在室内工作，体力劳动少，胆固醇代谢作用不正常，大量积留在血液中，沉淀并加厚血管壁，使血管狭小，弹性减弱而硬化。由于在血管内壁常可见到黄白色像粥一样的斑块，所以称动脉粥样硬化。动脉粥样硬化的证象多见于40岁以上的男性和绝经期后的女性。伴发本病者常有高脂血症、高血压及糖尿病等。

茶叶的防治动脉粥样硬化作用，与茶中所含的多酚类、维生素、氨基酸等成分有关。

茶叶中的多酚类物质（特别是儿茶素）可以防止血液中

及肝脏中甾醇及其他烯醇类和中性脂肪的积累，不但可以防治动脉硬化，还可以防治肝脏硬化。

茶叶中的甾醇如菠菜甾醇等，可以调节脂肪代谢，可以降低血液中的胆甾醇，这是由于甾醇类化合物竞争性抑制脂酶对胆甾醇作用，因而减少人体对胆固醇的吸收，防治动脉粥样硬化。

茶叶中的维生素C、维生素B_1、维生素B_2、维生素PP也都有降低胆甾醇，防治动脉粥样硬化的作用。其他各种维生素都与机体内的氧化、还原物质代谢有关。

茶叶中还含有卵磷脂、胆碱、泛酸，也有防治动脉粥样硬化的作用。在卵磷脂运转率降低时，可引起胆固醇沉积以致动脉粥样硬化。胆碱是卵磷脂的构成物质。

肌醇由芳香化合物形成，是对氨基苯甲酸形成的先质，因而也是叶酸形成的先质。肌醇又是有关磷酸贮藏、释放过程的重要物质，在磷脂形成中起重要作用。在这些代谢过程中所产生的脂肪酸，特别是不饱和脂肪酸，可与胆固醇结合成脂并促进其降解为胆基酸，经与各种氨基酸结合成各种胆酸并排出体外。

茶色素是茶叶中含的茶多酚在煎煮过程中不断氧化而形成的物质。茶色素能影响抗凝血酶和纤溶活性，降低血小板黏附率，减轻由于高脂血症和动脉粥样硬化引起的高凝状态。

香蕉茶

材料：香蕉50克，茶叶10克，蜂蜜少许。

做法：先用沸水1杯冲泡茶叶，然后将香蕉去皮研碎。加蜜调入茶水中频饮。

功效：具有降压、润燥、滑肠功效。主治动脉硬化、冠心病及高血压。

山楂降脂茶

材料：山楂30克，益母草10克，绿茶5克。

泡法：1.山楂洗净，沥干水，去子备用。2.将山楂、益母草和绿茶一起放入茶壶中，倒入沸水500毫升闷泡5分钟。3.倒入杯中饮用即可，可反复回冲至茶味变淡。

功效：此款茶饮能活血降脂、帮助消化、清热化痰，适合高血脂患者饮用。

人参降脂茶

材料：人参3克，川芎3克，茉莉花3克，防风5克。

泡法：1.将人参、川芎、防风洗净，沥干水分备用。2.将茉莉花茶放入茶壶中，加入人参、川芎、防风，冲入600毫升沸水闷泡，10分钟后倒入杯中饮用即可。

功效：此款茶饮可保护心肌、降低血脂。

白果花茶

材料：白果5克，茉莉花茶3克。

泡法：1.白果洗净，沥干水分备用。2.将锅中加入水300毫升，放入白果煮沸，转小火煎煮3分钟后关火。3.将茉莉花茶放入茶壶中，倒入煎煮好的汤汁，闷泡3～5分钟后饮用即可。

功效：此款茶饮能够止咳化痰、降低血脂、改善支气管炎，还能抗菌消炎。

冠心病宜喝什么茶

冠心病，全称是冠状动脉粥样硬化性心脏病，可见与动脉硬化关系密切。

冠状动脉如发生粥样硬化，可使管腔狭窄，通过的有效血量减少，导致心肌供血不足，即可引起冠心病。临床表现以心绞痛、心律不齐为主。如果冠状动脉因血栓而闭塞，就会产生极其严重的心肌梗死与心力衰竭，危及生命。冠心病是中老年人最常见的疾病。

冠心病在古代方书中属于胸痹、真心痛、厥心痛等范畴。中国古代医书早有用茶叶治疗心痛的记载。如《兵部手集方》、《瑞竹堂方》等。

茶叶之所以对防治冠心病有良好的效果，是由于茶叶中含有的多种化学成分综合作用的结果。其中，茶多酚的作用最为重要，它能改善微血管壁的渗透性能；能有效地增强心肌和血管壁的弹性和抵抗能力；还可降低血液中的中性脂肪和胆固醇。其次，维生素C和维生素P也具有改善微血管功能和促进胆固醇排出的作用。咖啡碱和茶碱，则可直接兴奋心脏，扩张冠状动脉，使血液充分地输入心脏，提高心脏本身的功能。

冠心病加剧的原因，在于血栓形成，造成血流梗死。血栓形成有三要素：血液瘀滞、凝血因子改变和血管壁变化，主要过程是通过凝血酶的作用，使血小板聚集。因而，抗凝、抗血小板聚集和促进纤溶是抗血栓的关键。浙江与福建的许多实验研究，均已证明茶叶中的儿茶素类、茶黄素与茶红素确具上述的作用。

饮茶对治疗冠心病是确实有效的，但不能操之过急，应细水长流。要注意，茶宜清淡，不宜酽浓，以免使心跳加速，加重心脏负担。一般说，以绿茶、乌龙茶为好。

应该指出：茶叶中虽有咖啡碱，但饮茶和服用咖啡或纯咖啡碱是完全不同的。服用咖啡和纯咖啡碱，会升高血脂，易引起动脉粥样硬化；而适量饮茶，不但不会升高血脂，反而可降低血脂，并减少动脉硬化与冠心病的发生，这是茶叶中多种成分综合作用的结果。

三根茶

材料：老茶树根30克，余甘根30克，茜草根15克。

做法：水煎频饮。每周服6天，连服4周为一疗程。

功效：具有化痰利湿、活血化瘀、行气止痛功效。主治冠心病、心绞痛、冠心病合并高血压等。

丹参茶

材料：丹参9克，绿茶3克。

做法：将丹参制成粗末，与茶叶以沸水冲泡10分钟。不拘时饮服。

功效：功能活血祛瘀，止痛除烦。可防治冠心病、心绞痛等。

活血茶

材料：红花5克，檀香5克，绿茶1克，赤砂糖25克。

做法：将四种材料放入容器煎汤。饮服即可。

功效：具有活血化瘀的功效。能降血压、降血脂及扩张血管等。主治冠心病、高血压及防治脑血栓形成等。

山楂益母茶

材料：山楂30克，益母草10克，茶叶5克。

做法：将山楂、益母草、茶叶放入杯中，用沸水冲沏。浸泡5分钟后，即可饮用。

功效：清热化痰，活血降脂，通脉。主治冠心病、高脂血症。

康寿茶

材料：茶叶、柿叶、金银花各适量。

做法：将柿叶揉碎，与茶叶、金银花混合，用沸水冲泡后饮用。日服3次，每次5克。

功效：主治高血压、冠心病。

高血压宜喝什么茶

正常人的血压为收缩压≤140毫米汞柱，舒张压≤90毫米汞柱。高于此标准者，即为高血压。

高血压是临床上的常见病。部分可由多种疾病引起（如肾脏疾病、内分泌疾病、产科疾病等），称继发性（症状性）高血压；但80%以上的高血压并无其他原因，故又称为原发性高血压。中医无高血压之名，据其症状（以眩晕、头痛为主要症状），大约与肝阳、肝火有关。

尤其在老年、肥胖和脑力劳动者中，发病更是普遍。而饮茶不仅能减肥、降脂、减轻动脉硬化与防治冠心病，而且还能降低血压。这五种病况，构成老年病的重要病理连环。而频饮一杯清茶，却能兵分多路，予以各个击破，其功力真是非凡。从这个系列疾病看来，固然发病者多在中年以后，而缓慢的病理进程却早在中年以前即已发生。所以，老年人饮茶固所必须，青壮年饮茶也很必要。中医所谓："上工治未病"，意即上等的医生治病于成病之前，也就是"预防为主"的意思。所以，我们应该提倡不仅老年人要饮茶，中、青年人也应饮茶。

茶多酚、维生素C和维生素PP，都是茶叶中所含有的有效成分，对心血管疾病病理连环，有多方面的作用，如降脂、改善血管功能等。其中维生素PP还能扩张小血管，从而引起血压下降，这是直接降压作用。此外，茶叶还可以通过利尿、排钠的作用，间接地引起降压。茶的利尿、排钠效果很好，若与饮水比较，要大两三倍，这是因为茶叶中含有咖啡碱和茶碱的缘故。

茶叶中的氨茶碱能扩张血管，使血液不受阻碍而易流通，有利于降低血压。茶叶中还含有芦丁，饮茶有利于提高微血管的弹性，预防血压升高而出血。茶中所含的肌醇等，还可防治血液和肝脏烯醇及中性脂肪的累积，故有预防动脉硬化的作用。

不仅如此，饮茶还能防止脑溢血的发生并降低脑溢血的死亡率。饮茶对脑溢血的病理过程，具有多方面的改造作用。例如：降低血压；预防动脉硬化和血栓形成；增加血管的韧性和抵抗力。

饮茶不仅仅可以预防脑溢血的发生。而且即使突发脑溢血，常饮茶者由于身体的素质不同，病情亦较轻，较少引起死亡。

栀子普洱茶

材料：普洱茶30克，栀子30克。

泡法：1.将栀子洗净，沥干备用。2.将锅中放水烧沸，放入栀子煎煮5分钟，滤渣取汁。3.将煎好的汤汁倒入放有普洱茶的茶壶中，闷泡3分钟即可饮用。

功效：此款茶饮能够暖胃、减肥、降脂，对防治动脉硬化、冠心病、高血压功效尤为突出。

菊槐茶

材料：杭白菊3克，槐花3克，绿茶3克。

泡法：1.将杭白菊、槐花、绿茶混合均匀，放入茶壶中。2.倒入沸水冲泡，静置3分钟至茶香四溢后即可饮用。

功效：此款茶饮有清热散风、降压安神、明目醒脑的功效，适用于高血压及眩晕者。

杜仲茶

材料：杜仲叶、优质绿茶各等份。

做法：共研粗末，混匀分装，每袋6克。日1～2次，每次1袋，沸水冲服。

功效：有补肝肾、强筋骨的功效。主治高血压合并心脏病及腰痛腰酸等症。

菊楂钩藤决明茶

材料：杭白菊6克，钩藤6克，生山楂10克，决明子10克，冰糖适量。

泡法：1.将钩藤、生山楂、决明子洗净，加500毫升水煎汁备用。2.用药汁冲泡菊花，调入冰糖，代茶饮用。

功效：本品中菊花、决明子清肝明目而降血压，山楂活血化瘀可降血脂，钩藤清热平肝，对于肝阳上亢、头目眩晕者最为适宜。

玉米莲须茶

材料：莲子心5克，干玉米须3克，冰糖适量。

泡法：1.将玉米须用水冲洗干净，沥干备用。2.将锅中放入适量清水，放入玉米须大火煮沸后转小火煎煮3分钟，滤渣取汁备用。3.将玉米须汁倒入盛莲子心的茶壶中，加盖闷泡3分钟。4.倒入杯中，依据个人口味加冰糖调味饮用。

功效：此款茶饮除了能降血压、清热、安神、强心外，同时也具有止泻、止血、利尿和养胃之疗效。

降压茶

材料：夏枯草18克，茺蔚子18克，草决明30克，生石膏60克，黄芩、茶叶、槐角、钩藤各15克。

做法：加水适量，煎沸20分钟取汁，即可。可先后煎二次汁，合并而饮用。

清眩茶

材料：绿茶3克，菊花5克，枸杞子5克。

泡法：将材料共置于玻璃杯中，冲入沸水，闷泡约10分钟后代茶频饮。药液饮完后再加沸水冲泡，以泡2～3次为宜。

功效：明目止晕又降压。高血压患者作保健饮料常饮可维持血压在正常范围。低血压患者禁服此茶。

糖尿病宜喝什么茶

糖尿病是一种以高血糖为特征的代谢、内分泌疾病。它是由于胰岛素不足和血糖过高引起糖、脂肪、蛋白质和继发的水、电解质代谢紊乱。临床上出现烦渴、多尿、多饮、多食、疲乏、消瘦等症状。然而，相当一部分病人并无上述临床症状。《黄帝内经》有关于“消渴”等论述，与糖尿病有关。

茶对糖尿病有显著疗效。从临床观察中证实，饮用日本的淡茶和酽茶，对轻、中度慢性糖尿病患者有较好的疗效，能使尿糖明显减少或完全消失，症状改善；对重度患者可使尿糖降低，各种主要症状明显减轻。

据日本学者的研究表明，茶叶中有能促进胰岛素合成的物质，同时含有能去除血液中过多糖分的多糖类物质。这种多糖类物质，在粗茶叶中含量最高。每日10克，分3次服，必须用冷开水泡茶，效果最佳。若用开水或温开水冲泡，那就严重破坏这类多糖，降低疗效。各种绿茶的冷水浸出液具有很好的降血糖效果，热水浸出液的效果则不如冷水浸出液的效果，红茶的效果不如绿茶。

茶叶能治疗糖尿病是多种成分综合作用的结果。茶中所含的多酚和维生素C；能保持微血管的正常坚韧性、通透性，因而使本来微血管脆弱的糖尿病人，通过饮茶恢复其正常功能，对治疗糖尿病有利。更重要的是茶汤中还含有防治糖代谢障碍的成分。茶叶芳香物质中的水杨酸甲酯能提高肝脏中肝糖原含量，减轻动物的糖尿病。

糖尿病患者可适当增加饮茶量，最好是采自老茶树鲜叶加工的茶叶，用低于50℃的冷开水充分浸泡后饮用。

麦芽养生茶

材料：麦芽15克，谷芽8克，陈皮6克。

泡法：1.将麦芽、谷芽、陈皮放入锅中，加水1 000毫升煮沸，转小火熬煮15分钟。2.滤渣取汁后倒入杯中饮用。

功效：此款茶饮在降血糖的同时还能舒缓腹胀或消化不良，治疗胃虚、食欲不佳等症状。

薏米降糖茶

材料：薏米15克，高丽参5克，紫藤子3克，梓叶2克。

泡法：1.高丽参、薏米略洗，沥干备用。2.锅中放入紫藤子与洗好的高丽参、薏米，分别以小火炒至微黄备用。3.壶中放入炒好的茶材，再加入梓叶，冲入400毫升沸水，静置2分钟后装杯饮用。

功效：此款茶饮能降血糖、强身、清热解毒，而且有延年益寿的作用。

甜美降糖茶

材料：白茶、甜叶菊、银线莲、北沙参、青果肉等。

做法：将各种材料加工，精制为冲剂。每日2袋冲服。

功效：具有养胃生津、益气固肾作用。主治糖尿病。

苦瓜绿茶

材料：鲜苦瓜1个，绿茶适量。

泡法：1.取鲜苦瓜1个，去瓤切片。2.绿茶用沸水冲泡，放入苦瓜片，闷泡几分钟后即可。

功效：适用于轻型糖尿病患者。

糯米红茶

材料：红茶20克，糯米50～100克。

做法：将糯米放入锅中，加水600～800毫升。煮沸后，待糯米熟时，加入红茶即成。分2次温服，日服1剂。

茶疗功效：用于糖尿病患者。

丝瓜茶

材料：丝瓜200克，茶叶5克，盐适量。

做法：将丝瓜洗净切片，加盐水煮熟。放入茶叶冲泡的茶汁，即可饮用，每日2次。

功效：用于治疗糖尿病。

玉米须茶

材料：玉米须适量，绿茶4.5克。

做法：玉米须加水300毫升，煮沸5分钟，加入绿茶即可。分3次服，日服1～2剂。

功效：适用于糖尿病尿浊如膏者。

神经衰弱宜喝什么茶

茶叶对神经系统方面的作用，一方面是提神兴奋；另一方面，它又有很好的安神镇静的功效。古代医书上有很多这方面的记载，称之为“除烦”、“清神”、“使人神思爽”等。

茶的安神镇静作用，主要表现在它对多种神经系统疾病有很好的治疗效果。

神经衰弱，又叫神经官能症，是种常见病。根据巴甫洛夫学说，神经衰弱主要是大脑皮层内抑制和兴奋两个过程的减弱所致。

茶叶内含有的咖啡碱，除能增强兴奋功能外，少量还有提高内抑制过程的功能。因此，对神经衰弱有治疗作用。特别是对虚弱型（即表现为夜间失眠，白天萎靡不振）的神经衰弱，尤为适宜。实践证明：白天适量地喝茶，再配合一些镇静药物（如溴剂或安定等），是有相当疗效的。

有些神经衰弱的患者，因为失眠，往往怕饮茶，以为茶可提神兴奋而加重病情。这种顾虑是完全不必要的。白天饮茶是没有关系的，只是不宜泡得过浓。

睡美人安眠茶

材料：紫罗兰6克，玫瑰花6克，薰衣草6克，鲜柠檬1个。

泡法：1.将薰衣草、紫罗兰和玫瑰花一起揉成碎片，缝入干净纱布制成的小袋，做成茶包。2.鲜柠檬洗净，切成片备用。3.饮

用时以600毫升沸水冲泡茶包5分钟，取出茶包后加入柠檬片或将柠檬汁挤入，调匀饮用。

功效：薰衣草有非常强的镇定功效，能帮助安定神经，非常有利于睡眠，最宜睡前饮用。此款茶饮还能促进新陈代谢，缓解头痛。

和胃安神茶

材料：酸枣仁3克，茯苓3克，甘草3克，炒谷芽2克，陈皮1克，远志1克。

泡法：1.将酸枣仁、甘草、茯苓、陈皮、远志分别洗净，沥干备用。2.将以上材料和炒谷芽放入锅中，加入350毫升水一起煮沸，滤渣取汁后饮用。

功效：此款茶饮温和甘甜，可健脾开胃、下气和中、消食化积，最适宜帮助富含淀粉类的食物的消化。

菊花人参茶

材料：菊花干花蕾4～5朵，人参2～4克。

泡法：将人参切碎成细断，放入菊花花蕾。用热水加盖浸泡10～15分钟左右即可。

功效：人参含有皂苷及多种维生素，对人的神经系统具有很好的调节作用，可以提高人的免疫力，有效驱除疲劳；而菊花气味芬芳，具有祛火、明目的作用，两者合用具提神的作用。

灯芯竹叶茶

材料：淡竹叶30克，灯芯草5克。

泡法：1.将淡竹叶和灯芯草分别洗净沥干，切成碎末备用。2.锅中放茶材碎末，加入750毫升清水煮沸，滤渣取汁饮用。

功效：此款茶饮能清心降火、清热止渴、消除烦闷。每日睡前饮用一次，对于因身体虚烦而引起的失眠有很好的功效。

人参枣仁饮

材料：人参5克，茯苓15克，枣仁10克。

做法：1.将人参、茯苓、枣仁放入容器，加入500毫升水。2.煎熬，即可饮用。

功效：具有养心、益气、安神的功效。主治心神不宁，惊恐心悸。

头痛宜喝什么茶

早在唐代著名医籍《千金方》中，就有茶能“治卒头痛如破”的记载。《赤水玄珠》所记的茶调散，治“头风热痛不可忍”甚效。这个方子一直为中医界所沿用，现代一般用的是调整了处方的川芎茶调散，中药房有售，治感冒头痛和血管神经性头痛都有效，一次3～6克，一日两次，饭后用浓茶冲服。

现代医学在治疗血管性头痛时，也常用咖啡碱与麦角胺，可见古人的经验是多么宝贵。所谓血管神经性头痛，是指发作性的一侧头痛（即偏头痛）或全头痛，重者可伴呕吐，以女性患者为多，有的与月经周期有关，或遇风即发。

茶叶能治疗头痛，一方面是因为茶有安神镇静的作用，另一方面与茶中含有维生素P有关，这是因为维生素P能增强血管的韧性和抵抗能力的缘故。

此外，茶还具有抗五羟色胺以及抗凝和抗血小板聚集的作用，故又可作为血管性头痛的预防剂。可治可防，妙不可言。

川芎茶

舒压去痛茶

川芎茶

材料：川芎3克（研细末），茶叶6克。

做法：沸水冲泡5分钟。日1剂，温服。

功效：可祛风止痛。主治外感头痛或偏正头痛。

舒压去痛茶

材料：柠檬香蜂草干叶1克，香叶天竺葵干叶1克，甜叶菊干叶0.1克。

泡法：1.把柠檬香蜂草干叶、香叶天竺葵干叶、甜叶菊干叶放入杯中。2.冲入90℃热水300～500毫升，闷泡3～5分钟即可。

功效：有效缓解头痛、偏头痛。

菊花龙井茶

材料：菊花10克，龙井茶3克。

做法：将菊花、龙井放入杯中，开水泡饮。日1次。

功效：有疏散风热、清肝明目作用。主治肝火头痛、早期高血压、眼结膜炎。

僵蚕葱白茶

材料：白僵蚕不拘量，葱白6克，茶叶（绿茶为佳）3克。

做法：白僵蚕研细末，每次取3克，与葱白、茶叶一起用85℃开水冲服，每日1～2次。

茶疗功效：祛风止痛，用治偏、正头痛。

防癌抗癌宜喝什么茶

中医认为，癌是因人的正气虚，以致毒壅、血瘀、痰凝而成。正气虚的重要象征是人体免疫功能降低，所以近年倡用“扶正”的方法，提高免疫功能以防止癌症。

茶叶具有明显的抗癌作用。不但可以预防癌症的发生，并可有一定的治疗作用。食道癌和胃癌患者，喝少许浓茶，饮后患者胃部有舒服感，食物也较易通过，有缓解症状的作用。

N–亚硝基化合物极大部分都有致癌作用。茶对人体内源性亚硝胺的合成，具有显著的阻断能力。日饮一杯茶（3～5克绿茶或5克红茶），可以阻断人体摄入300毫克硝酸盐后的N–亚硝基脯氨酸的内源性合成。

茶叶能提高某些对癌细胞有抑制作用的酶（如谷胱甘肽硫转移酶和超氧化物歧化酶）的活性；能抑制某些促进癌细胞增生的酶的活性；能阻断某些致癌物的生成，抑制促癌物的作用，抑制癌细胞生长；具有抗氧化清除自由基和增强免疫功能等作用。

茶叶多是开水泡饮的。现知，茶叶的水溶性有机化合物成分与其抗癌作用关系十分密切，其中最重要的是多酚类化合物。从绿茶中提取的多酚类化合物，具有很强的抗氧化作用。

无机成分中，目前较受重视的是微量元素硒。根据流行病学调查，癌症患者头发含硒量显著下降。低硒区居民适当补充硒，可降低癌症的发生率。

陕西紫阳县生产的绿茶由于含硒量较高，特称紫阳富硒绿茶。其平均含硒量与一般茶叶相比，要高出5～10倍。试验结果表明，紫阳富硒绿茶对人喉癌细胞的抑制作用大小与茶叶剂量密切相关；对亚硝胺形成有明显阻断作用。试验证明，紫阳富硒绿茶可不同程度地减少细胞突变，从而对遗传损伤起保护作用。

姜葱茶

材料：生姜、葱白各15克，茶叶3克。

泡法：1.将生姜洗净，切成片；葱白洗净，切成段。2.将姜片和葱段放入锅中，加水煮沸，加入茶叶，继续煮2分钟。3.取茶汤饮用。

功效：治风寒头痛。

二椒茶

材料：干红辣椒200克，胡椒3克，茶叶5克，盐少许。

泡法：1.辣椒洗净后捣碎，胡椒、茶叶碾成末。2.将辣椒末、胡椒末、茶叶末、盐一起密封放置15天。3.每次饮用时取少量冲水喝。

功效：散寒解表，主治伤风头痛，食欲不振。

银耳茶

材料：银耳20克，茶叶5克，冰糖20克。

泡法：先将银耳洗净加水与冰糖炖熟。再将茶叶泡5分钟后加入银耳汤里，搅拌均匀服用。

功效：此茶有滋阴降火、润肺止咳的功效，特别适用于阴虚咳嗽者。

苦瓜茶

材料：苦瓜、绿茶。

泡法：可把苦瓜去瓤装入绿茶，挂在通风处阴干。饮用时切碎苦瓜后取10克用沸水冲泡即可。

提示：喝茶不当会致癌，喝茶适宜却能防癌！上班族是癌症“喜欢缠上”的人群，防癌不可掉以轻心！

感冒宜喝什么茶

感冒，俗称“伤风”。一年四季均可发生。以恶寒发热，头痛鼻塞，喷嚏流涕，肢体酸痛，或咳嗽、咽痛等为主要症状。如引起广泛流行者，又称“流行性感冒”。

古人即有用茶叶治感冒的经验。古书中早有记载，如宋陈师文《和剂局方》中的川芎茶调散、《经验百病良方》中的午时茶、李东垣的清空膏等，至今仍广泛用于治疗感冒。

茶叶能治疗感冒是多种化学成分综合作用的结果。茶中咖啡碱、茶碱的利尿清热作用；茶多酚的抑菌、杀菌作用，儿茶素的治偏头痛及维生素C的增强体质抗感染作用等，均对治疗感冒有利。

黄芪枸杞益气养肝茶

材料：黄芪50克，枸杞子、菊花各25克，红枣15克，冰糖适量。

做法：上述四味茶材分别用清水洗净，然后一同放入砂锅中，加水煎煮。煮沸后，调入冰糖，代茶饮用。

功效：益气生津，养肝明目，可提升人体免疫力，预防感冒，适于春季饮用。

饮用禁忌：患有急性炎症者或高血压患者不宜饮用。

五神茶

材料：荆芥、苏叶、生姜各10克，茶叶6克，红糖30克。

做法：将前四味以小火煎煮约10～15分钟后，入红糖溶化后服。

功效：有发散风寒、祛风止痛之功。用于风寒感冒，畏寒，身痛无汗等。

葱豉茶

材料：葱白3根，淡豆豉15克，荆芥0.3克，薄荷3克，栀子4.5克，生石膏30克，紫笋茶末10克。

做法：葱白去须，石膏捣碎，水煎取汁入茶末，再沸3分钟即可。日1剂，早、晚2次分服。

功效：有祛风清热解表之功，用于治风热表证，发热头痛、四肢酸疼等症。

薄荷疏风解表茶

材料：薄荷6克，红茶3克，冰糖适量。

做法：将上述三味茶材一同放入茶杯中，加适量沸水冲泡。盖上杯盖，浸泡20分钟，代茶饮用。

功效：疏风解表，清利头目。适于感冒初起咽喉疼痛、头痛者饮用。

饮用禁忌：阴虚血燥体质，或汗多表虚者不宜饮用。

姜汁红茶

材料：生姜10克，红茶3克，红糖适量。

泡法：1.生姜洗净去皮，切薄片备用。2.将生姜片与红茶一同加入350毫升水，沸煮5分钟，滤渣取汁。3.倒入杯中，加入红糖调匀饮用。

功效：此款茶饮能发汗解表，适合用于风寒感冒初期引起的咽痒喉痛、鼻流清涕等症状。

核桃葱白茶

材料：核桃仁6克，葱白6克，茶叶6克。

泡法：1.将所有材料混合一起捣烂。2.用水煎煮5分钟，去渣取汁，趁热服用。

功效：可治疗风寒引起的头痛。

咽喉炎宜喝什么茶

咽喉炎是口腔疾病的一种，多因病毒和细菌感染而引起咽喉部黏膜与黏膜下组织的炎症。有急、慢性之分。临床以咽喉部干热，刺痒及微痛，继而咽痛加重，咳嗽及分泌物增多为主要症状。有的可伴有畏寒发热等。

茶叶对咽喉炎及因多种原因引起的声音嘶哑、久咳失音等都具一定的防治作用。

川贝甘草茶

材料：川贝母3克，款冬花3克，甘草3克，甜杏仁2克，麻黄1克，绿茶5克。

泡法：1.将川贝母、款冬花、麻黄、甜杏仁放入锅中，加适量清水煮沸。2.再加入绿茶、甘草略煮，倒入杯中，稍凉饮用即可。

功效：可清热润肺、化痰止咳，用于治疗慢性支气管炎及支气管哮喘。

清咽茶

材料：乌梅肉30克，生甘草30克，沙参30克，麦冬30克，桔梗30克，玄参30克。

泡法：1.乌梅肉、生甘草、沙参、麦冬、桔梗、玄参捣碎混匀。2.一起放入保温杯中，用沸水冲泡，盖严，温浸1小时即可。

功效：乌梅性温，味酸，生津止渴、润咽喉；沙参、麦冬养阴润咽；桔梗、玄参清咽化痰。

菊花茶

材料：鲜茶叶、鲜菊花各等分（或各30克）。
做法：共捣汁，用凉开水约30～60毫升冲和。日1剂，不拘时冷饮之。

功效：有清热消肿、利咽止痛的功效。用于治急、慢性咽喉炎，咽喉肿痛，刺痒不适及咽喉诸症。

清音茶

材料：用红茶、绿茶及10多味中草药为原料制成茶剂。
做法：日3次，每次8克，加沸水150毫升饮服。一周即有疗效。

功效：具有生津利咽、清热提神的功效。对口干舌燥、嗓音疲劳、声带失润、咽喉不适等症状，都有不同程度的缓解作用。因此，对演员、播音员、教师等尤为适用。

莲花茶

材料：金莲花、茶叶各6克。
做法：将金莲花、茶叶放入杯中，沸水冲泡。静置5分钟后，即可饮用。

功效：具有清热解毒作用。民间用治慢性咽喉炎、扁桃腺炎。

绿合海糖茶

材料：绿茶、合欢花各3克，胖大海2颗，冰糖适量。
做法：1.将绿茶、合欢花、胖大海、冰糖放入杯中，沸水冲泡。2.静置5分钟后，即可饮用。

功效：具有清肺润燥作用，可治喉炎和音哑。

竹梅茶

材料：咸橄榄5个，乌梅2个，绿茶5克，竹叶5克，白糖适量。
泡法：1.将咸橄榄、乌梅、绿茶、竹叶、白糖一起放入锅中，煮沸，取汁饮用即可。2.每日2剂，每剂1杯，温服。

功效：清肺润喉，可治疗急、慢性咽炎和劳累过度引起的失音。

咳喘宜喝什么茶

咳嗽是肺脏病变的主要症状之一，常见于上呼吸道感染、支气管炎、肺炎、肺结核等。喘证则是以呼吸急促，或喘鸣有声，甚则张口抬肩，难以平卧为特征的一种疾患，临床如支气管哮喘、过敏性哮喘、肺气肿等均属这一范围。

茶治咳喘，古书也有记载。如元沙图穆苏《瑞竹堂经验方》："治喘咳，喉中如锯不能睡卧，好茶末一两，白僵蚕一两，为末，放碗内，倾沸汤一盏，盖定，临卧温服。"

现代介绍，如浙江诸暨市慢性气管炎防治组以茶根为主制成茶姜蜜浆，治慢性气管炎临床应用总有效率可达88.1%。已知茶碱、茶咖啡碱可松弛平滑肌，缓解支气管痉挛；茶多酚能抑菌、杀菌、消炎；茶芳香物萜烯类有祛痰作用等，故有利于咳喘的治疗。

清气化痰茶

材料：百药煎、细茶各30克，荆芥穗15克，海螵蛸3克，蜂蜜适量。

做法：前四味研末和匀，加蜂蜜制为小丸，日2～3次，每次1丸。或取末3克，沸水冲泡10分钟，加蜂蜜少许，徐徐饮用。

功效：有清肺化痰、止咳的功效。用于治咳嗽气急，痰多，或久咳不止，咯痰不爽等。

润肺化痰茶

材料：五倍子500克，绿茶末30克，酵糟120克。

做法：先将五倍子捣碎，研细末，入绿茶末和酵糟和匀捣烂，摊平。用模具压制或刀切成约3厘米见方，重约5克的块状物。待发酵至表面长出白霜时取出，晒干，贮存备用。日2次，每次1块，沸水冲泡温服或含漱。

功效：有润肺止咳、清热化痰、生津止渴的作用。可治疗肺阴不足，久咳痰多，咽痛咽痒，肺结核及急慢性咽喉炎等。

橘红茶

材料：橘红1片（3～6克），绿茶4.5克。

做法：沸水泡，再入沸水锅中隔水蒸20分钟。日1剂，不拘时频饮。

功效：可润肺消痰，理气止咳。用于治咳嗽痰多，痰黏难以咯出等。

萝卜茶

材料：白萝卜100克，茶叶5克，盐少许。

做法：茶叶用沸水泡5分钟，取汁。白萝卜切片煮烂，加盐调味，倒入茶汁即可。

功效：茶有清热化痰、理气开胃的作用。治疗咳嗽痰多，纳食不香等。

久喘桃肉茶

材料：胡桃肉30克，雨前茶15克，炼蜜5茶匙。

做法：原法：上药研末拌匀，和蜜为丸，弹子大。现法：两药共水煎，沸10～15分钟后，取汁入炼蜜。丸剂：日2丸，时时噙化；茶剂，日1剂，不拘时温服。

茶疗功效：可润肺平喘止咳。用于治久喘、口干等。

平喘茶

材料：麻黄3克，黄柏4.5克，白果仁15个（打碎），茶叶1撮（6克），白糖30克。

做法：前四味加水适量，共煎取汁，加白糖即可。日服1剂，分2次。在病发呼吸困难时饮用。

功效：有宣肺肃降、平喘止咳的功效。用于治哮喘（过敏性支气管喘息）等。

鼻窦炎宜喝什么茶

现代医学称之为鼻窦炎。主要由链球菌、葡萄球菌、肺炎球菌和流感杆菌等引起，有急性和慢性之分。急性者临床以鼻塞、流脓涕、头胀或痛为特征，全身有发热、畏寒、食欲不振、周身不适等症状；慢性鼻窦炎的主要症状为鼻塞、流涕多而呈脓性、头痛或头昏、嗅觉障碍等。

苍耳子茶

材料：苍耳子12克，辛夷、白芷各9克，薄荷4.5克，葱白3根，茶叶2克。

做法：共研为末，沸水冲泡10分钟。日1剂，不拘时频饮。

功效：具有祛风、发汗、通窍的功效。用于治急性鼻炎及风寒表证，恶寒发热，鼻塞流涕者。

辛夷苏叶茶

材料：辛夷花2克，苏叶6克。

做法：将辛夷花、苏叶放入茶杯，冲入沸水，盖闷15分钟，代茶饮用。每日1剂，可频频饮服，连服15日。

茶疗功效：散风行血，消炎通鼻，适用于治疗鼻窦炎、过敏性鼻炎等。

利尿消炎宜喝什么茶

茶叶具有较强的利尿和增强肾脏排泄的功能，临床上可以减除因小便不利而引起的多种病痛。如古代医学之“癃”与“淋”。癃，指排尿困难，也包括一小部分无尿。中医的“淋证”，证见小便频而短涩，淋沥刺痛，欲出未尽，少腹拘急等。淋证有很多种，古代通称“五淋”，与现代医学泌尿科的尿路感染、泌尿系结石、前列腺炎、肾炎、乳糜尿、血尿等有关。水肿之疾，与水分在体内潴留有关，亦需利尿以治之。

现今临床上对泌尿系感染（例如肾盂、输尿管、膀胱和尿道的炎症性病变），往往主张鼓励患者多喝茶，尤以清晨起床后喝一定量的茶水效果更好。泌尿系统在病理状况下，会生成各种大小与形状的结石，临床总称泌尿系结石，古代称“石淋”或“沙淋”。这类疾病更需要多饮茶，促进利尿，以便利于结石的排出。

饮茶的利尿作用是肯定的。大量饮水也是有利尿作用的，但比饮茶差多了。有人拿同量的水和茶汤做比较，其结果是茶比水促进排尿多1.55倍。又从尿液内质加以分析，例如促进氯化物的排出，茶比水要多2.5倍。

茶之所以利尿是由于茶汤中含有咖啡碱、茶碱、可可碱。这种作用，茶碱较咖

啡碱为强，而咖啡碱又强于可可碱。临床实验结果表明，茶碱利尿作用虽较大，但可可碱利尿作用最为持久。这些成分的利尿机制，主要是抑制肾小管的再吸收，使尿中钠与氯离子含量增多。同时，它们又因能兴奋血管运动中枢，直接舒张肾血管，增加肾血流量，从而增加了肾小球的滤过率。

金沙蜡面茶

材料：海金沙30克，蜡面茶15克，生姜2片，甘草5克。

做法：海金砂、蜡面茶捣研细末，每次取9克与生姜、甘草煎汤调服。每日2～3次。

功效：有清热通淋、利尿消胀之功，用于治小便不通、脐下满闷等淋证。

赤浊益母茶

材料：益母草子、茶叶各等分（或各6～9克）。

做法：加水600毫升，煎至300毫升，也可用沸水浸泡20分钟。每日2剂，每剂空腹趁热顿服。

功效：可清热利湿，通淋。治小便赤浊、诸淋涩痛等。

尿感茶

材料：海金沙15克，凤尾草30克，蓕草15克，绿茶5克。

做法：前三味加水1 000毫升，煎沸15～20分钟，加入绿茶再沸2分钟，即可。或上四味共制粗末，置壶内沸水浸泡15～20分钟。每日1剂，频饮。

功效：清热利湿，消炎解毒。对尿路感染、肾炎水肿、尿路结石等症有效。

妇科疾病宜喝什么茶

月经不调主要是指月经的周期和经量出现异常，如月经先期、月经后期、月经先后无定期、经期延长及月经过多或过少诸症。在经期或经期前后出现小腹或腰部疼痛，并每随月经周期而发的病症，称为痛经。女子年逾18岁，月经尚未来潮，或曾来而中断，达3个月以上者，称为闭经。闭经轻者可影响健康，重者影响生育，故应及时治疗。茶疗作为辅助疗法，具有一定效果。带下病是指白带量多超过正常，如涕如唾，绵绵不断，臭味较大，并伴有腰酸，腹痛等。产后腹痛是指产后小腹部疼痛，常因气虚血瘀或寒凝所致。

茉莉绿茶

材料：绿茶1克，茉莉花（干品）5克。

做法：茉莉花加水400毫升煎沸2分钟后加入绿茶。日1剂，分3次服。

茶疗功效：可治白带过多。

浓茶红糖饮

材料：茶叶、红糖各适量。

做法：煮浓茶1碗，取汁放红糖溶化后饮。日2次。

功效：有清热调经之功。可治月经先期，量多。

二花调经茶

材料：玫瑰花、月季花各9克（鲜品均用18克），红茶3克。

做法：共制粗末。沸水冲泡，闷10分钟，不拘时温服。在经行前几天服为宜。

功效：有活血调经、理气止痛作用。可治疗气滞血瘀所致的痛经、月经量少、腹胀痛、经色暗红或有血块、闭经等。

姜枣通经茶

材料：生姜100克，红枣7克，花椒3克，红糖适量。

泡法：1.将生姜洗净，切成粗丝备用。2.将生姜丝与花椒、红枣一起加入600毫升清水煎煮，至红枣熟软，滤渣取汁，加入红糖搅拌均匀饮用。

功效：此款茶饮能暖胃、散寒、止痛，加上红糖可活血化瘀，改善痛经。

川芎调经茶

材料：川芎3克，茶叶6克。

做法：将川穹、茶叶放入容器，煎饮。日1～2剂。

功效：有活血祛瘀、行气止痛之功。可治月经不调，痛经，闭经；产后腹痛；头风头痛、胸痹心痛等。

川芎乌龙茶

材料：乌龙茶6克，川芎3克。

泡法：1.将川芎洗净，沥干备用。2.将所有材料放入杯中，直接冲入沸水350毫升，闷泡2～3分钟。3.滤渣取汁即可饮用。

功效：善于行气、开郁、止痛，能上行头目，下调经水，还可预防心血管栓塞。

明目祛眼疾宜喝什么茶

常见的眼疾主要有急性结膜炎（赤眼病）、溃疡性睑缘炎（烂眼弦）、冷泪症、视功能衰退等。视功能衰退一般包括青少年近视眼、夜盲症、白内障等。

《内经》中说："肝藏血"，"肝开窍于目"，"五脏六腑之精气皆上注于目"。说明人眼的视觉功能与肝、血及脏腑功能的关系非常密切。茶中有效成分具有加强肝脏代谢的作用。

在祖国的医药宝库里，用茶叶治疗眼疾的方剂很多。仅宋以后人托名唐孙思邈著的《银海精微》、明傅仁宇《审视瑶函》、清吴谦等《医宗金鉴・眼科心法》中就有近百方。

饮茶，对眼的视功能有良好的保健作用。茶叶中含有的维生素对眼的营养极其重要。实验证实：眼内晶状体的维生素C含量比其他组织要高得多。也就是说，眼的晶状体对维生素C的需要量比其他组织要高。如果维生素C摄入不足，晶状体可致混浊而形成白内障。茶叶中的维生素C含量很高，所以饮茶有预防白内障的作用。

茶中所含的维生素B_1，是维持神经（包括视神经）生理功能的营养物质。一旦缺乏，可发生视神经炎而致视力模糊，两目干涩，故有防治作用。茶中还含有大量的维生素B_2（比大豆高约5倍，比大米高20倍，比瓜果高60倍），对人体细胞起着氧化和还原作用，可营养眼部上皮组织，是维持视网膜正常功能所必不可少的活性成分。故饮茶可以防治因缺乏维生素B_2而引起的角膜混浊，眼干畏光，视力减退及角膜炎的发生等。

杞菊决明茶

材料：枸杞子15～30克，杭白菊10克，决明子5克，绿茶3克，冰糖适量。

泡法：1.将枸杞子、决明子洗净，沥干备用。2.将枸杞子、决明子、绿茶、杭白菊一起放入茶壶中，冲入沸水，加盖闷泡10分钟。3.倒入杯中，依据个人口味加冰糖调味饮用。

功效：此款茶饮可清热去火、清肝明目，能够抗疲劳和降血压。

消炎洗眼茶

材料：优质绿茶25克。

做法：加水1 500～2 000毫升，煎至1 000毫升，取汁。日1剂，用洁布沾洗患眼，时时洗之（约3～4次）。

功效：有消炎、明目作用。用于治溃疡性睑缘炎及急性结膜炎等。

决明茶调散

材料：决明子（炒研）不拘量，茶叶适量。

做法：决明子研末。外用，日数次，每次取决明子末适量，以茶叶6克煎汁，调和，涂敷于两侧太阳穴，药干则再涂敷。

功效：有疏风、清火、止痛、明目作用。治目赤肿痛，风热头痛等。

杞菊茶

材料：枸杞子10克，白菊花10克，优质绿茶3克。

做法：将材料放入杯中，沸水泡闷10分钟。日1剂，频服。

功效：具有养肝滋肾、疏风明目作用。对视力衰退、目眩、夜盲及青少年近视有效。

抑菌消炎解毒宜喝什么茶

抑菌，指抑制致病性细菌及其他微生物的生长；消炎，指减轻或消除因细菌或其他原因所引起的炎症病变。

茶能抑菌消炎，故对许多炎症性疾病和传染病有防治作用。除了在痢疾、龋齿曾述及的茶对痢疾杆菌、口腔链球菌这两类细菌有抑制作用以外，茶对伤寒杆菌、金黄色葡萄球菌、乙型溶血型链球菌、白喉杆菌、炭疽杆菌、枯草杆菌、绿脓杆菌等都有抑制的作用，故可用于防治多种细菌感染性疾病。

此外，茶叶中的黄烷醇类对肾上腺体的活动有促进作用，从而降低毛细血管的透性，减少血液渗出；对发炎因子组胺具有良好的拮抗作用，而显示激素类的消炎效应。而且黄烷醇类化合物本身还具有直接的消炎效果。所以，民间有用茶汁处理伤口，防治伤口发炎的做法。

绿茶丸

材料：绿茶、蜂蜜各适量。

做法：绿茶不拘多少，研末，和蜜调为3克重之丸。日服3～4次，每服1丸，连服2～3周。

功效：具有清热解毒、利湿退黄的功效。用治急性传染性肝炎。

郁金清肝茶

材料：郁金（醋制）10克，炙甘草5克，绿茶2克，蜂蜜25克。

做法：加水1 000毫升，煮沸10分钟。日1剂，不拘时频饮。

功效：能疏肝解郁，利湿去瘀，可治肝炎、肝硬化、脂肪肝及肝癌等。

红茶糖饮

材料：红茶3克，葡萄糖18克，白糖60克。

做法：将三种材料用沸水冲泡成血色，加水至500毫升，冷热适口，限上午服完，连服7天为1疗程，一般服两个疗程。此为儿童量，成人服量照以上加倍，按饮茶方法饮用。

功效：具有清热解毒、利尿、保肝的功效。用于治急性肝炎。

二叶茶

材料：大青叶、蒲公英、地丁草各30克，青茶叶9克。

做法：将材料放入杯中，加水共煎。日1剂，频饮。

功效：有清热解毒、消肿散结的功效。用于治流行性腮腺炎，红肿热痛，发热等。

银蝉茶

材料：银花3～6克，蝉衣1～3克，绿茶1克，甘草1克。

做法：共研粗末，沸水泡10分钟或水煎。日1剂，不拘时频饮。

功效：有清热解毒、祛风散疹的功效。用于治风疹、荨麻疹、麻疹等。

黄柏苍耳茶

材料：黄柏9克，苍耳10克，绿茶3克。

做法：共制粗末，沸水泡10分钟（或煎汤）。日1剂，分2次饮服。

功效：具有清热化湿、化脓解毒、通耳窍的功效。可治中耳炎。

Chinese Tea

观亭说茶 茶饮 茶膳 茶疗

⊙ 图片拍摄：

刘飞

⊙ 图片提供：

《茶精品》杂志社

北京全景视觉网络科技有限公司

上海富昱特图像技术有限公司

⊙ 茶膳制作：

朱永松　王程

⊙ 特别鸣谢：

北京东方茶韵国际文化交流中心

蒙元宾馆

湖南省茶业集团股份有限公司